U0227535

智能语音信号处理及应用

车艳秋 周　斌 / 主　编
曾凡琳 魏晓娟 / 副主编

清华大学出版社
北　京

内容简介

本书以职业教育的人工智能类专业人才培养基本要求为指导思想，以培养学生掌握智能语音信号处理及应用为目标，以“必须、够用”为原则，采用“项目教学法”，系统介绍了智能语音信号处理的基本理论、方法以及Python在语音信号处理中的应用。全书包含六个教学项目，其中，项目1介绍了智能语音的概念、发展、未来趋势以及应用，语音信号的采集、读写和播放的技术原理以及处理的一般流程；项目2介绍了语音信号分析的基础知识，语谱图的概念、应用和绘制方法；项目3介绍了语音识别技术的应用；项目4介绍了语音合成技术的应用；项目5介绍了对话机器人的关键技术及应用；项目6介绍了声纹识别的关键技术及应用。每个项目按照项目导入、项目任务、学习目标、知识链接、项目准备、项目评价、项目拓展和项目小结等几部分循序渐进地进行组织实施，便于读者理解知识和掌握技能，学以致用。

本书可作为应用型本科和职业院校人工智能、电子信息工程等专业的教材，也可供相关领域的科研及工程技术人员学习参考。

本书封面贴有清华大学出版社防伪标签，无标签者不得销售。
版权所有，侵权必究。举报：010-62782989，beiqinquan@tup.tsinghua.edu.cn。

图书在版编目(CIP)数据

智能语音信号处理及应用/车艳秋，周斌主编. —北京：清华大学出版社，2022.8(2025.2重印)
ISBN 978-7-302-61184-4

Ⅰ.①智… Ⅱ.①车… ②周… Ⅲ.①语声信号处理－高等学校－教材 Ⅳ.①TN912.3

中国版本图书馆CIP数据核字(2022)第110468号

责任编辑：郭丽娜
封面设计：傅瑞学
责任校对：袁　芳
责任印制：沈　露

出版发行：清华大学出版社
网　　址：https://www.tup.com.cn，https://www.wqxuetang.com
地　　址：北京清华大学学研大厦A座　　**邮　　编**：100084
社 总 机：010-83470000　　**邮　　购**：010-62786544
投稿与读者服务：010-62776969，c-service@tup.tsinghua.edu.cn
质量反馈：010-62772015，zhiliang@tup.tsinghua.edu.cn
课件下载：https://www.tup.com.cn，010-83470410
印 装 者：三河市人民印务有限公司
经　　销：全国新华书店
开　　本：185mm×260mm　　**印　　张**：9　　**字　　数**：211千字
版　　次：2022年9月第1版　　**印　　次**：2025年2月第5次印刷
定　　价：49.50元

产品编号：095882-02

前言

智能语音技术是以语音为研究对象，以人工智能、模式识别、数字信号处理等技术为核心，以实现人机语音交互为目的，多学科融合为基础发展起来的综合性技术。随着人工智能技术的快速发展，智能语音技术的应用前景和市场潜力十分巨大，相关专业人才需求也急剧增加。为此，编者结合产业用人需求和职业院校教育教学特点编写了本书。

本书系统介绍了智能语音的概念、原理、方法、应用、成果与技术，以及该领域的背景知识、研究现状、应用前景和发展趋势。本书在内容设计与结构编排上充分遵循了职业教育规律，采用校企联合编写模式，结合企业相关岗位的技能要求，将理论知识和社会实践有机融合，使内容更贴近企业实际需要。

本书采用"项目—任务"式结构编排，由浅入深、循序渐进、通俗易懂、实践性强，在注重实用性和可读性的同时，又兼顾基本理论的系统性，力求做到脉络清楚、行文简练。本书配套资源丰富，包括多媒体课件、在线微课等，以二维码的形式镶嵌在纸质教材中，体现新形态教材开发理念。

本书属于校企共建教材，其中，天津职业技术师范大学车艳秋教授及其团队负责主要的编写工作，深圳市优必选科技股份有限公司的技术研发团队、高职院校教研团队承担了本书的技术支持、审核、校对、修订等工作。

本书由车艳秋教授、周斌教授担任主编，曾凡琳博士、魏晓娟博士担任副主编。在此还要特别感谢天津职业技术师范大学王冬霞教授对本书的审阅指导、清华大学出版社编辑为本书出版所做的辛勤付出。在编写过程中，参考了诸多网络资源、文献及研究成果，在此对网络资源提供者、文献作者等一并表示诚挚的敬意和衷心的感谢。

力臻完美是编者的初衷，鉴于该研究领域内容丰富，涉及的众多学科及前沿领域发展迅速，加之编者水平有限，疏漏在所难免，敬请读者批评、指正，并将意见反馈给我们，以便于改进。

编　者

2022年3月

目录

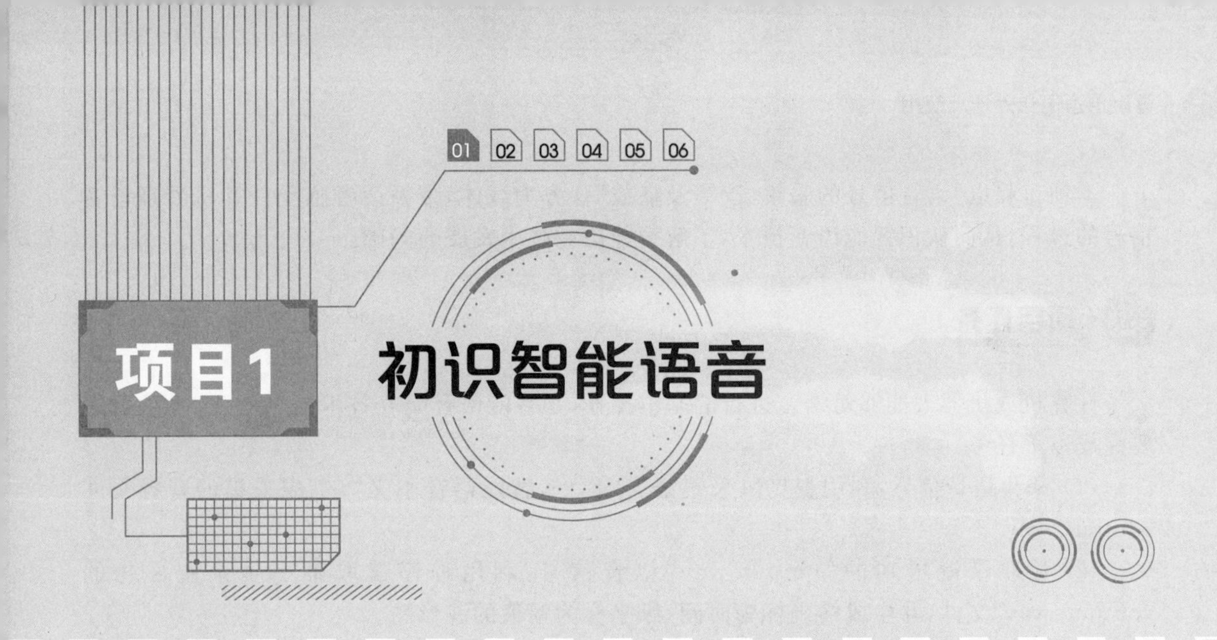

项目1 初识智能语音

项目导入

众所周知，计算机和机器人擅长处理数据，那么它们是如何处理声音的呢？其实，声音在计算机看来就是各种数据，计算机通过计算并处理这些数据，实现语音信号的记录、处理与播放。

用户对着麦克风说句话，计算机就能将这段声音记录成数组形式的数据，并以.wav格式的文件呈现在计算机中。由于储存的都是数据，因此用户也可以通过写数据、改数据等操作，人为地写入一段音频文件。也可以借助计算机中的扬声器，将这些数据形式的文件播放成耳朵能够听见的声音。随着人工智能技术发展，智能语音技术在各个行业应用越来越广泛，如智能客服（AI智能语音机器人）的智能语音交互，如图1.1所示。

图1.1 AI智能语音机器人

本项目将以"语音信号的采集、读写及播放"任务为载体，带领读者感受计算机处理语音信号的过程，从而认识智能语音技术，了解智能语音技术发展的基础。

项目任务

计算机或机器人能够对语音进行的基本操作，是智能语音交互技术的第一步，本项目需要完成以下任务。

(1) 采集语音信号：利用麦克风采集语音"你好，智能语音小义"，生成采集的音频文件"output. wav"。

(2) 读取录制成功的"output. wav"语音信号：利用程序读取第一步录制成功的"output. wav"文件，并生成横坐标为时间、纵坐标为幅值的波形图。

(3) 写入语音信号：首先生成一段 10s 的余弦信号，该余弦信号频率在 10s 内从 100Hz 线性增加到 1kHz，然后以 44.1kHz 的采样频率对其进行离散采样，最终将其保存为一段语音信号，命名为"sweep. wav"。

(4) 播放(1)中录制成功的"output. wav"语音信号。

学习目标

1. 知识目标

- 掌握智能语音的概念。
- 了解智能语音的发展历程。
- 了解智能语音的产业结构。
- 了解智能语音对未来的影响。
- 了解智能语音信号处理的应用场景。
- 掌握语音信号的采集、读、写、播放的技术原理。
- 掌握语音处理的一般流程。

2. 能力目标

- 能完成语音信号的录制操作。
- 能完成语音信号的读、写操作。
- 能完成语音信号的播放操作。

智能语音概念及核心技术

知识链接

1. 智能语音的概念

人们通常所说的话就是大家所熟知的语音。在人与人的语言交流中，想要通过声音或文字等方式表达出来，需要依靠聆听声音或阅读文字等方式来收集数据，通过语言处理获得语义信息。而智能语音技术发展的意义就在于实现机器的"听、说、读、写"功能，如图 1.2 所示。

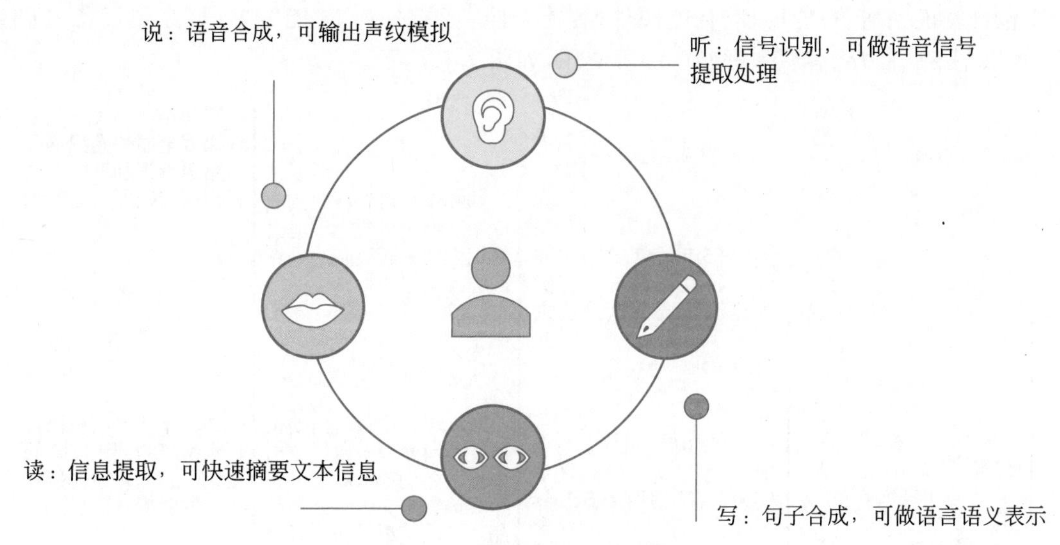

图 1.2　智能语音的内涵价值

智能语音技术是人工智能领域的一项重要技术，包含语音识别、语义理解、自然语言处理和语音交互等技术，在社会中具有较高的认知度，发展潜力很大。智能语音技术是一种人机语言交互技术，它是以语音信号识别为基础，以自然语言处理和对话管理技术为辅，将语言输入信息进行提取、分析和整理，最终通过语音合成或文字展示等方式输出并完成响应，工作流程如图 1.3 所示。

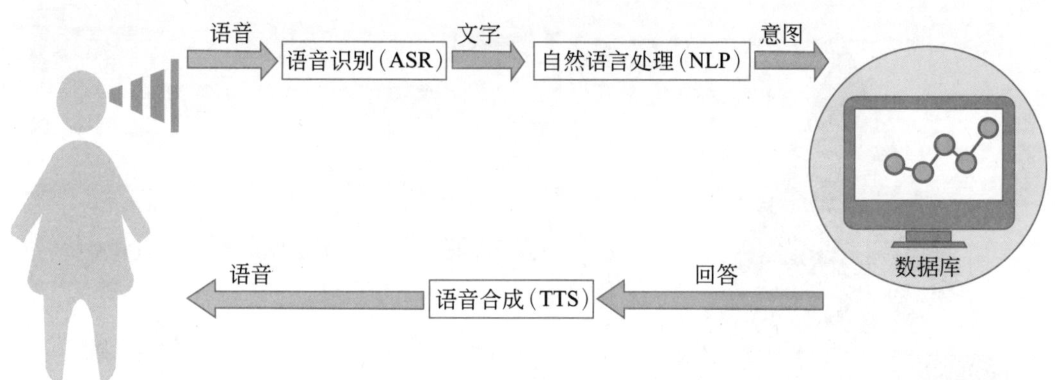

图 1.3　智能语音工作流程

2. 智能语音的发展历程

智能语音技术的研究可追溯到 20 世纪 50 年代，它的发展历程分为萌芽期、突破期、产业化期及快速应用期四个阶段，如图 1.4 所示。

3. 智能语音的产业结构

智能语音的产业结构分为基础层、技术层和应用层。基础层主要包括芯片传感器、操作系统、计算机平台、数据服务平台和云计算服务等；技术层主要进行语音技术/自然语言处理、人机交互和计算机视觉等服务；应用层则包含智能家居、智能助理、智能硬件、智能安防、智能教育、智能金融、可穿戴设备、机器人、娱乐/营销、医疗、客服和呼叫中心等应用，如图 1.5 所示。

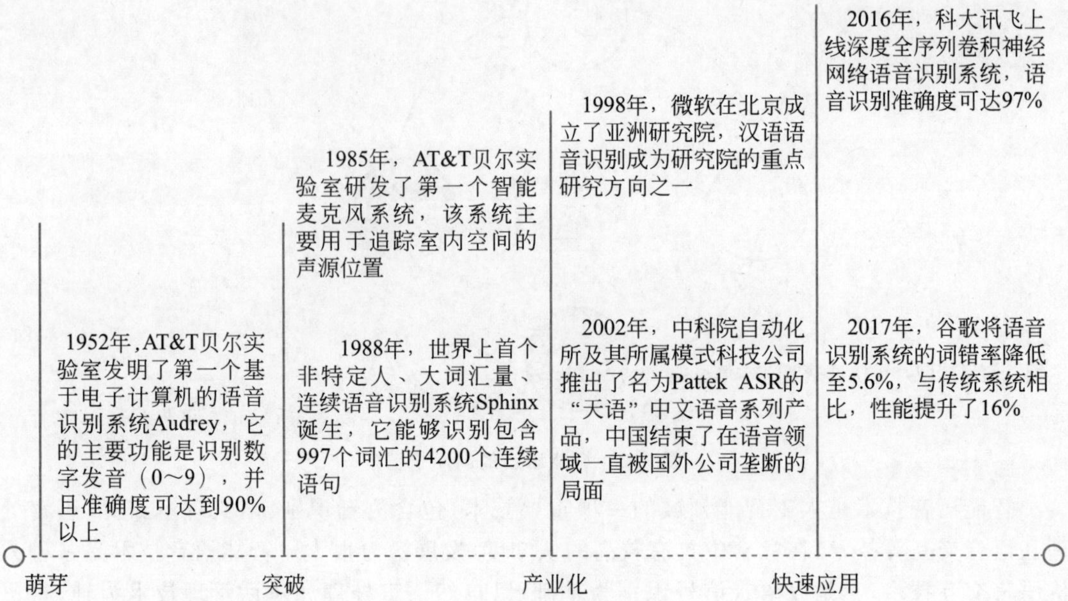

1952年，AT&T贝尔实验室发明了第一个基于电子计算机的语音识别系统Audrey，它的主要功能是识别数字发音（0～9），并且准确度可达到90%以上
1985年，AT&T贝尔实验室研发了第一个智能麦克风系统，该系统主要用于追踪室内空间的声源位置
1988年，世界上首个非特定人、大词汇量、连续语音识别系统Sphinx诞生，它能够识别包含997个词汇的4200个连续语句
1998年，微软在北京成立了亚洲研究院，汉语语音识别成为研究院的重点研究方向之一
2002年，中科院自动化所及其所属模式科技公司推出了名为Pattek ASR的“天语”中文语音系列产品，中国结束了在语音领域一直被国外公司垄断的局面
2016年，科大讯飞上线深度全序列卷积神经网络语音识别系统，语音识别准确度可达97%
2017年，谷歌将语音识别系统的词错率降低至5.6%，与传统系统相比，性能提升了16%
萌芽
突破
产业化
快速应用

图 1.4　智能语音发展历程

应用层
技术使用者
技术层
基础层
数据及计算资源
智能家居
教育
医疗
金融
机器人
语音技术
人机交流
计算机视觉
Noldus
Google
深度学习
百度
服务器、芯片传感器
计算平台
数据
intel
PHILIPS
HUAWEI
数据宝

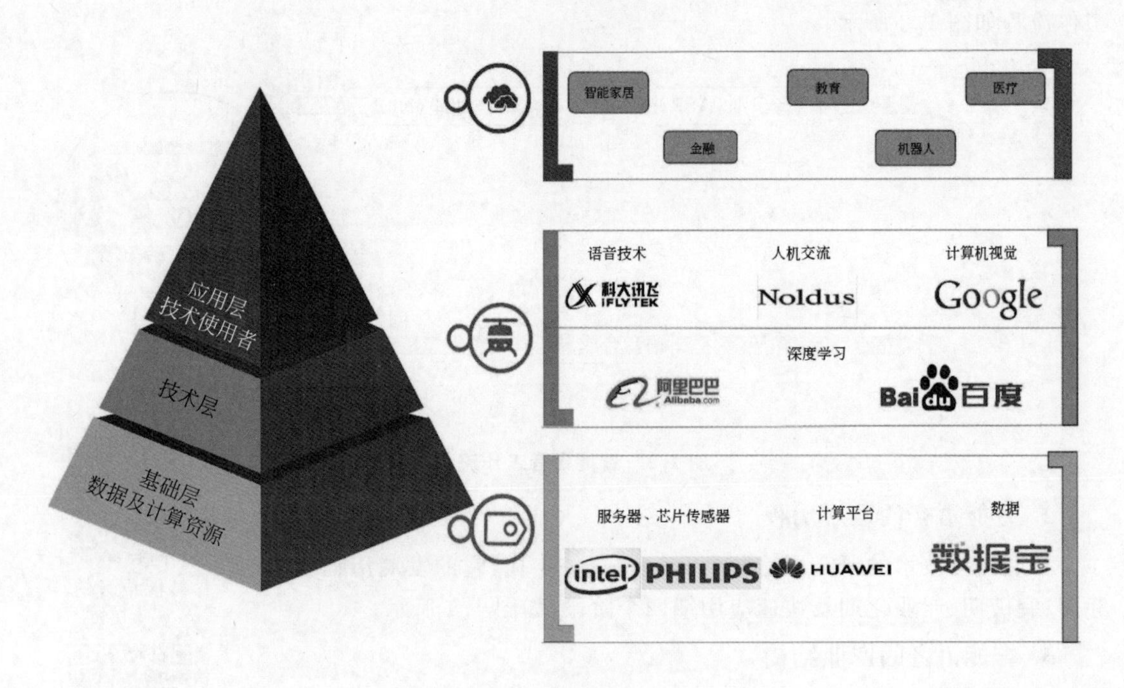

图 1.5　智能语音产业结构

4. 智能语音对未来的影响

智能语音对未来的影响

随着智能语音技术的飞速发展，具有智能语音功能的产品越来越丰富，与此同时，科技改变生活不再是空想，已经切实存在于人们的生活中。互联网技术发展到现在，人工智能正改变着这个时代。随着人工智能的不断发展，智能语音作为人机交互的媒介，必将拥有更好的发展前景。

5. 智能语音信号处理的应用场景

智能语音行业应用

1）社区服务

以智能语音外呼平台在社区卫生服务的应用为例。北京方庄社区卫生服务中心借助科大讯飞智能语音技术，制定话术模板，通过人工智能机器人外呼，实现居民预约体检通知，从而节省了外呼人工成本，提高了通话工作质量，方便了更多老年人进行健康体检，提升了患者就医体验，促进了居民健康。

2）出行服务

以智能语音技术在城市轨道交通客运服务中的应用为例。无论是在列车和车站正常运营情况下，还是列车延误、突发大客流等异常情况下，人工智能机器向乘客提供问询服务，弥补人工服务的不足。如图1.6所示，在站点里可以采用智能语音的方式进行售票，为乘客提供高效率、高质量的服务。

图1.6 轨道交通站点里的智能语音售票机

3）教育服务

以利用智能语音技术实现幼儿园语言教学游戏化的应用为例。这类应用目前主要用于口语学习，它是将书的文字转化成语音的技术，有效解决口语学习中教师发音不标准的问

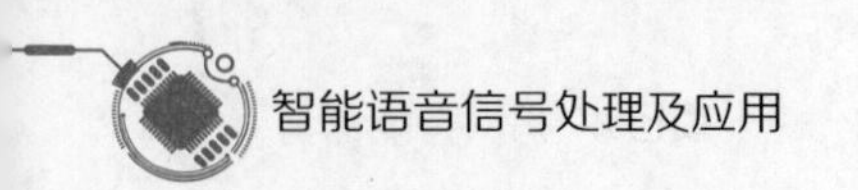

题，同时解决在课上无法进行一对一教学的难题，推进了教学进度，提高了语言教学效率。

4）医疗服务

以智能语音识别技术在医疗病历录入领域的应用为例。在接诊过程中，计算机能够实时记录医生所说的患者病例，并自动生成电子病历，提高了医生工作效率和病人流转率。

6. 语音采集、读写、播放技术原理

麦克风阵列

1）语音采集技术

（1）麦克风阵列。麦克风是收集声音的传感器，它将语音信号转换为计算机能读取的电信号，用于对声场的空间特性进行采样并处理。麦克风阵列即为麦克风的排列，由一定数目的麦克风声学传感器组成。

声波的特性

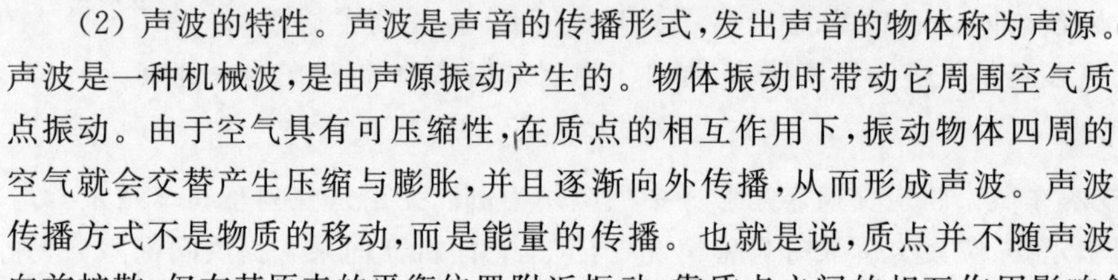

（2）声波的特性。声波是声音的传播形式，发出声音的物体称为声源。声波是一种机械波，是由声源振动产生的。物体振动时带动它周围空气质点振动。由于空气具有可压缩性，在质点的相互作用下，振动物体四周的空气就会交替产生压缩与膨胀，并且逐渐向外传播，从而形成声波。声波传播方式不是物质的移动，而是能量的传播。也就是说，质点并不随声波向前扩散，仅在其原来的平衡位置附近振动，靠质点之间的相互作用影响邻近的质点振动，因此，振动得以向四周传播，形成波动。声波的振幅、周期、频率及频率特性等物理参数的详细知识不再赘述，读者可自行扫码进行学习。

（3）声音的采样及量化。每秒钟采集音频数据的次数称为采样频率，符号为 f_s，单位是Hz。采样频率越高，数字波形的形状就越接近原始模拟波形，声音还原的就越真实。目前在多媒体系统中捕获声音的标准采样频率有 44.1kHz、22.05kHz 和 11.025kHz 三种。而人耳所能接收的声音频率范围为 20Hz～20kHz。

声音量化过程流程

现实生活中，听到的是时间连续的声音，这种信号被称为模拟信号。而计算机用二进制存储数据，只能识别“0”和“1”。模拟信号（连续信号）转化成数字信号（离散的、不连续的信号）后才能在计算机中使用，这个过程叫作量化过程，也就是模拟音频的数字化过程。如图 1.7 所示，量化过程分为以下五个步骤（详细知识介绍可扫码学习）。

图 1.7　声音量化过程流程

WAV 文件格式分析

（4）WAV 文件格式及分析。本项目录制的语音信号为 WAV 格式。WAV 是最常见的音频文件格式之一，是微软公司专门为 Windows 开发的一种标准数字音频文件，该文件能记录各种单声道或立体声的声音信息，并能保证声音不失真，其文件扩展名为 .wav（WaveForm 的简写），也称波形文件。WAV 支持多种音频数字、取样频率和声道。WAV 文件相关知识详情可扫码进行学习。

2) 语音处理技术流程

语音处理一般流程如图 1.8 所示,声源发出的声波通过话筒被转换成连续变化的电信号;经过放大、滤波后,按固定的频率进行采样,每个样本是在一个采样周期内检测到的电信号幅值;接下来将其由模拟电信号量化为由二进制数表示的积分值;最后编码并存储为音频流数据。有的应用为了节省存储空间,存储前还要对采样数据进行压缩。

图 1.8 语音处理的一般流程

经过以上过程,声源发出的声波被计算机采集完成,然后通过语音信号特征分析进行智能识别,进而可以进行语音转文字、语音合成和语音播放等操作。

3) Python 在语音采集、读写及播放中的应用

使用 Python 语言编程实现语音的采集、读写、播放等操作,需要用 numpy 库、scipy 库、wave 模块和 pyaudio 模块,所用到的部分关键函数功能说明如表 1.1 所示。

表 1.1 关键函数功能说明

函数名称	功能说明
pyaudio.PyAudio()	实例化一个 pyaudio 对象
pyaudio.PyAudio.open(rate, channels, format, input = False, output = False)	打开音频设备函数,根据所设置的参数创建数据流,进行录制或播放操作
setnchannels(nchannels)	Python 标准库 wave 模块中的函数,用于设置声道数
setsampwidth(sampwidth)	Python 标准库 wave 模块中的函数,用于设置量化位数或采样宽度
setframerate(framerate)	Python 标准库 wave 模块中的函数,用于设置采样频率
numpy.frombuffer(buffer, dtype=float, count=−1, offset=0)	Python 扩展库 numpy 中的函数,用于通过使用指定的缓冲区来创建数组
numpy.reshape(a, newshape)	Python 扩展库 numpy 中的函数,用于改变数组的形状
numpy.arange(start, stop, step)	Python 扩展库 numpy 中的函数,用于通过指定开始值、终值和步长来创建表示等差数列的一维数组
scipy signal. chirp(t, f0, t1, f1, method='linear')	Python 扩展库 scipy 中的函数,用于产生波形,可以虚拟出声音波形。通常与 wave 配合可实现虚拟声响

(1) 语音信号采集。进行语音信号采样时,需要设置声道数(声道数是指能支持不同发声的音响的个数)。语音信号的采集操作即大家熟知的录音,语音信号为模拟信号,是连续的,而计算机处理数据都是离散的,对收集上来的数据都需要进行单个数据的罗列。因此需要对连续的语音信号进行离散化采样,每隔一段时间进行采样操作。采样的某个确定的时间点,语音信号数据是多少,就会被如实记录在计算机中。因此,音频采集时需要设置量化位数,量化位数即用于存储每次采样的空间大小,考虑到精度和存储空间的使

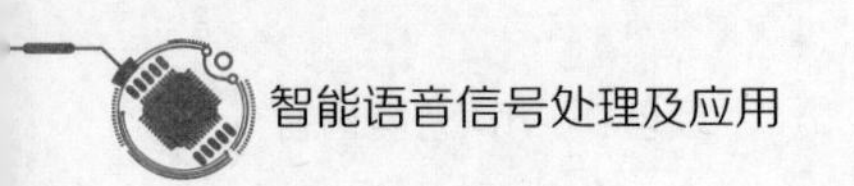

用，一般设置为16bit。此外，还需要设置采样频率（单位时间内采样的次数），即让计算机知道多少时间记录一次声音信息。最后，还需要设置采样点数，采样点数即全部时间内采集的总次数。

① pyaudio.PyAudio()具体介绍如下。

函数功能：实例化 PyAudio 对象函数。pyaudio 是 Python 开源工具包，用于提供语音操作。在导入 pyaudio 库后，创建一个 PyAudio 对象，以便于后续对音频设备进行操作。

语法格式：p = pyaudio.PyAudio()。

参数说明：无参数，对象名可自行设置。

函数应用示例代码如下：

```
import pyaudio      # 导入 pyaudio 库
p = pyaudio.PyAudio()      # 新建一个 PyAudio 对象
```

② pyaudio.PyAudio.open()具体介绍如下。

函数功能：打开音频设备函数，根据所设置的参数创建数据流，进行录制或播放操作。

语法格式：stream = pyaudio.PyAudio.open(rate, channels, format, input = False, output=False, frames_per_buffer=1024,start=True)。

参数说明：

- rate——采样率，录制音频时需自行设置。
- channels——声道数量，录制音频时需自行设置。
- format——采样大小和格式，录制音频时常设置为 pyaudio.paInt16，即采样深度设置为16位。
- input——设置是否为输入音频，默认为 False，录制音频时设置为 True。
- output——设置是否为输出音频，默认为 False，播放音频时设置为 True。
- frames_per_buffer——设置每一个缓冲区的帧数，默认为1024。
- start——设置是否立即启动数据流运行，默认为 True。

函数应用示例代码如下：

```
import pyaudio      # 导入 pyaudio 库
p = pyaudio.PyAudio()      # 新建一个 PyAudio 对象
# 双通道,16kHZ,16 位精度,缓存为 1024 的输入音频数据流
stream = pyaudio.PyAudio.open(rate = 16000, channels = 2, format = pyaudio.paInt16, input = True,
        frames_per_buffer = 1024)
```

(2) 语音信号读取。进行语音信号的读取操作，相当于将已经录制好的音频文件读到程序中，用数据的形式进行展示，因此也需要设置声道数、量化位数、采样频率和采样点数等信息。这些信息的定义与语音采集时的定义相同，因此相关参数的设置也是相同的。本项目中的语音信号读取操作主要通过 Python wave 模块函数和 numpy 库函数来实现。

① wave.open ()具体介绍如下。

函数功能：打开一个 WAV 类型文件用来读取或者写入音频数据。

语法格式：wave.open(file,mode=None)。

参数说明：

- file——文件地址。
- mode——打开模式，mode='rb'只读，返回 Wave_read 对象；mode ='wb'只写，返回 Wave_write 对象。

函数应用示例代码如下：

```
wave.open('音乐.wav','rb')      #以只读模式打开"音乐.wav"文件
```

Wave_read 对象具有以下方法，如表 1.2 所示。

表 1.2 Wave_read 对象的方法列表

方 法	说 明	方 法	说 明
getnchannels()	返回声道数目。1 是单声道，2 是双声道	getparams()	返回一个元组：(nchannels，sampwidth，framerate，nframes，comptype，compname)
getsampwidth()	返回样本字节宽度，单位是字节	getmark(id)	抛出一个异常，因为此 mark 不存在
getframerate()	返回取样频率	getmarkers()	返回 None
getnframes()	返回帧的数目	rewind()	倒转至语音串流的开头
getcomptype()	返回压缩类型。返回 None 表示线性样本	setpos(pos)	移到 pos 位置
getcompname()	返回可读的压缩类型	tell()	返回目前的位置
readframes(n)	返回 n 个帧的语音数据	close()	关闭语音串流

Wave_write 对象具有以下方法，如表 1.3 所示。

表 1.3 Wave_write 对象的方法列表

方 法	说 明	方 法	说 明
setnchannels()	设置声道的数目	setparams()	设置一个元组：(nchannels，sampwidth，framerate，nframes，comptype，compname)
setsampwidth(n)	设置样本宽度	tell()	返回目前的位置
setframerate(n)	设置取样频率	writeframesraw(data)	写入语音帧，但是没有文件表头
setnframes(n)	设置帧的数目	writeframes(data)	写入语音帧及文件表头
setcomptype(type，name)	设置压缩类型与可读的压缩类型	close()	写入文件表头，并且关闭语音串流

② numpy.frombuffer()具体介绍如下。

函数功能：通过使用指定的缓冲区来创建数组，用于实现动态数组。在本项目中主要用来将字符串转换为数组。

语法格式：numpy.frombuffer(buffer，dtype = float，count = −1，offset = 0)。

参数说明：

- buffer——可以是任意对象，会以流的形式读入。
- dtype——返回的数组数据类型，默认值为 float。
- count——返回的数组长度，默认值为－1。
- offset——偏移量，表示读取的起始位置，默认值为 0。

函数应用示例代码如下：

```
import numpy      # 导入 numpy 库
l = b'hello world'      # 新建变量 l 为 bytes 类型的 hello world
print(type(l))      # type 函数查看变量的类型并打印
a = numpy.frombuffer(l, dtype = "S1")      # 将字符串转换为数组，间隔为 1
print(a)      # 打印转换后的数组
print(type(a))      # 打印转换后的类型
```

frombuffer 函数应用示例代码

运行结果如图 1.9 所示。

```
In [1]: import numpy

In [2]: l = b'hello world'
        print(type(l))

        <class 'bytes'>

In [3]: a = numpy.frombuffer(l, dtype = "S1")
        print(a)

        [b'h' b'e' b'l' b'l' b'o' b' ' b'w' b'o' b'r' b'l' b'd']

In [4]: print(type(a))

        <class 'numpy.ndarray'>
```

图 1.9　numpy.frombuffer()示例运行结果

③ numpy.reshape()具体介绍如下。

函数功能：可以在不改变数据的条件下修改数组的形状。在本项目中用来整合左右声道的数据。

语法格式：numpy.reshape(a，newshape，order＝'C')。

参数说明：

- a——要修改形状的数组。
- newshape——新的形状，通常为整数或整数数组，新的形状要兼容原来的形状。
- order——'C'表示按行，'F'表示按列，'A'表示原顺序，'k'表示元素在内存中的出现顺序。

函数应用示例代码如下：

```
import numpy      # 导入 numpy 库
a = [1,2,3,4,5,6,7,8,9]      # 创建数组 a
print(a)      # 打印数组 a
b = numpy.reshape(a, (3,3))      # 将数组 a 调整为三行三列的数组，并赋值给变量 b
print(b)      # 打印变量 b
```

将一个 1 行 9 列的数据转换为 3 行 3 列的数组数据，运行结果如图 1.10 所示。

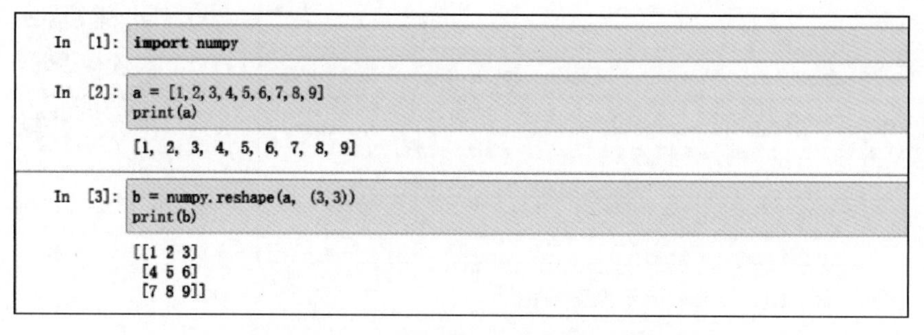
In [1]: import numpy
In [2]: a = [1,2,3,4,5,6,7,8,9]
print(a)
[1, 2, 3, 4, 5, 6, 7, 8, 9]
In [3]: b = numpy.reshape(a, (3,3))
print(b)
[[1 2 3]
[4 5 6]
[7 8 9]]

reshape 函数应用示例代码

图 1.10 numpy.reshape()示例运行结果

(3) 语音信号写入。语音信号大多源于真实声音的录制,有些情况下,也可以自行生成。因为在计算机看来,语音信号存入计算机后就是一组数据,一组代表音频波形的数据,所以可以通过人为制造特定的波形来代表音频,存储为 .wav 文件格式后即可播放,听到声音。

语音信号的写入操作,涉及人造生成波形,需要用到波形生成函数。考虑到语音信号多为正弦/余弦波的形式,采用余弦波生成函数进行波形制造。同时考虑到不同频率的余弦波代表不同的音调,为了增加生成声音的音调多样性,需要选择生成频率随时间变化的余弦波生成函数——scipy. signal. chirp()。

scipy.signal.chirp()具体介绍如下。

函数功能:是 Python 扩展库 scipy 中的函数,用于产生波形。在本项目中用于虚拟出声音波形。

语法格式:scipy.signal.chirp(t, f0, t1, f1, method='linear', phi=0, vertex_zero=True。

参数说明:

- t——评估波形的时间。
- f0——t=0 时刻波形的频率,单位 Hz。
- t1——指定 f1 的时间。
- f1—— t1 时刻波形的频率,单位 Hz。
- method—— {'linear','quadratic','logarithmic','hyperbolic'},可选,一种频率扫描的方式,默认为'linear'(线性)。
- phi—— 浮点数,可选;相位偏移,以度为单位。默认值为 0。
- vertex_zero——布尔型,可选。此参数仅在方法为'quadratic'时使用。它确定作为频率图的抛物线的顶点是在 t=0 还是 t=t1。

设计一个频率每秒变一次,初始时刻频率为 1Hz,1s 之后频率变为 2Hz,2s 之后变为 3Hz,依此类推,最后变为 10Hz 的余弦波,实现步骤如下。

【第一步】使用 arange 函数,生成一个等差数列,在这个数列中表示哪个时间点更改余弦信号的频率值。当设定范围为 0~10、stop=10,并指定步长为 0.5 时,数据形式即为从 0.5 为开始,每个采样点相差 1,共采样点 10 个,每个采样点以递增形式,形成等差数列。代码段如下:

```
import numpy
print(numpy.arange(0,10,0.5))
```

运行结果如图 1.11 所示,可见生成的数据为设定参数后的等差数列。

```
In  [1]: import numpy

In  [2]: print(numpy.arange(0, 10, 0.5))
         [0.  0.5 1.  1.5 2.  2.5 3.  3.5 4.  4.5 5.  5.5 6.  6.5 7.  7.5 8.  8.5
          9.  9.5]

In  [ ]:
```

arrange 函数应用示例代码

图 1.11　arange()示例结果图

【第二步】有了等差数列作为改变频率的时间值，就可以应用 scipy. signal. chirp()生成不同频率的余弦信号了。

对于余弦发生器函数，当设置 t 为等差数列时，取等差数列的每个时间点作为采样点，相当于每隔 1s 进行一次采样，共采样 10 次，取 10 个点的数据值。初始时刻瞬时频率 $f_0=1$，$t_1=10$ 时刻的瞬时频率 $f_1=5$ 时，运行示例程序代码如下。

chirp 函数应用示例代码

```
import numpy as np
from scipy.signal import chirp
import matplotlib.pyplot as plt
t = np.arange(0, 10, 0.01)
wave_data = chirp(t, 1, 10, 5, method='linear')        #chirp(t, f0, t1, f1, method='linear')
plt.plot(wave_data)
plt.show()
```

运行结果如图 1.12 所示，可见不同时间段内生成的函数频率不同，从高频到低频形成了扫频的效果。

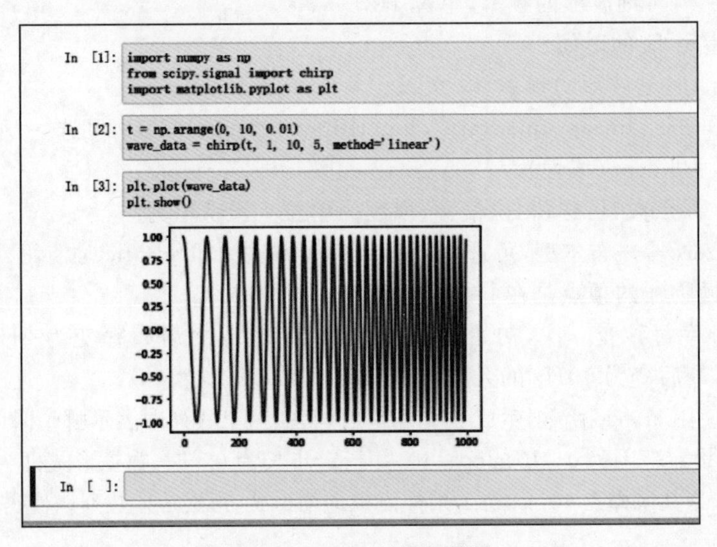

图 1.12　chirp()运行结果

(4) 语音播放。语音播放是将计算机中读取的数据形式的语音信息，传给声卡进行播放的操作。采用 write 函数，将读取后的数据输入声卡进行播放，即可听到语音信号代表的那段声音。

项目准备

1. 硬件准备

- 一台便携式人工智能教学平台，硬件版本 1.0 以上。
- 一个语音信号采集装置(麦克风)。
- 一个语音播放装置(音箱)。

2. 软件准备

便携式人工智能教学平台软件系统，软件版本 V1.1 以上，Python 3.6.9。

任务 1.1 采集语音信号——你好，智能语音小义

1.1.1 搭建机器人语音信号采集硬件系统

语音信号采集、读写、播放的环境搭建

机器人语音信号的采集读、写播放的硬件系统包括：将便携式人工智能教学平台通过 HDMI 数据线连接显示屏、键盘、鼠标等，如图 1.13 所示。

图 1.13 机器人语音信号采集硬件系统

1.1.2 配置机器人语音信号采集软件环境

1. 安装相关的函数库

1) 安装 sounddevice 函数库

Python sounddevice 函数库提供了音频设备的查询、设置接口，以及音频的输入和输出。其安装过程步骤如下。

【第一步】进入便携式人工智能教学平台桌面，在桌面右击，选择“Open Terminal Here”，打开终端窗口，如图 1.14 所示。

【第二步】更新 Python 的包安装及管理工具 pip，在终端中输入如下代码：

```
python3 -m pip install --upgrade pip
```

程序将自动进行更新，可寻找相关开源资源，完成更新后，会提示更新完成。

【第三步】通过 pip 工具安装 sounddevice 库，打开 Python 命令行输入如下代码：

```
pip install sounddevice
```

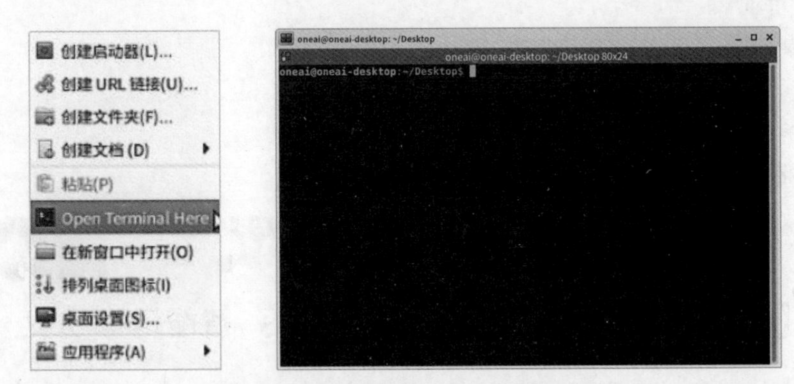

图 1.14　桌面右击并打开终端窗口

sounddevice 可自行寻找开源资源库，完成安装，会提示安装成功。

【第四步】安装完成之后，双击桌面的 JupyterLab(见图 1.15) 打开网页，网页见图 1.16。

图 1.15　双击 JupyterLab 打开网页

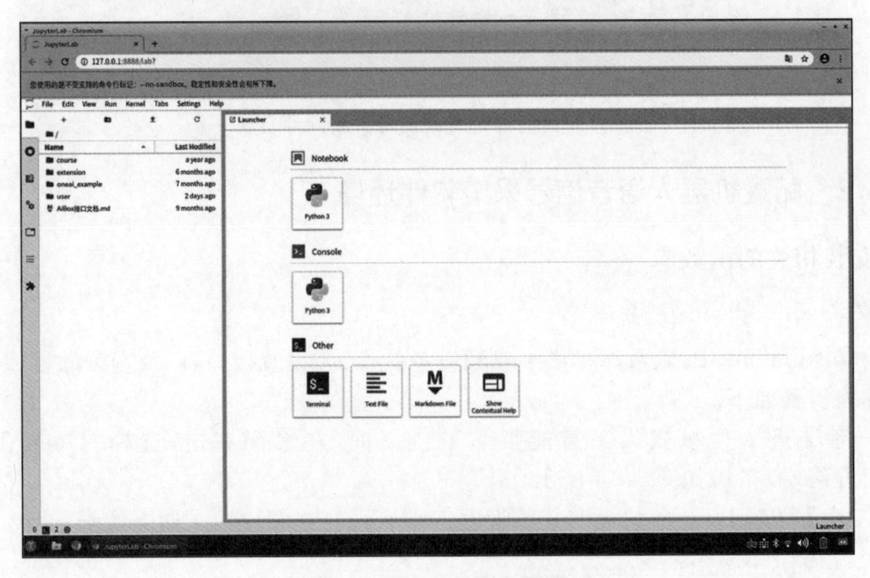

图 1.16　JupyterLab 网页

【第五步】在文件栏的左上角单击加号，在弹出的页面中选择 Notebook 目录下的 Python 3，新建一个 Python 3 Notebook，如图 1.17 所示。

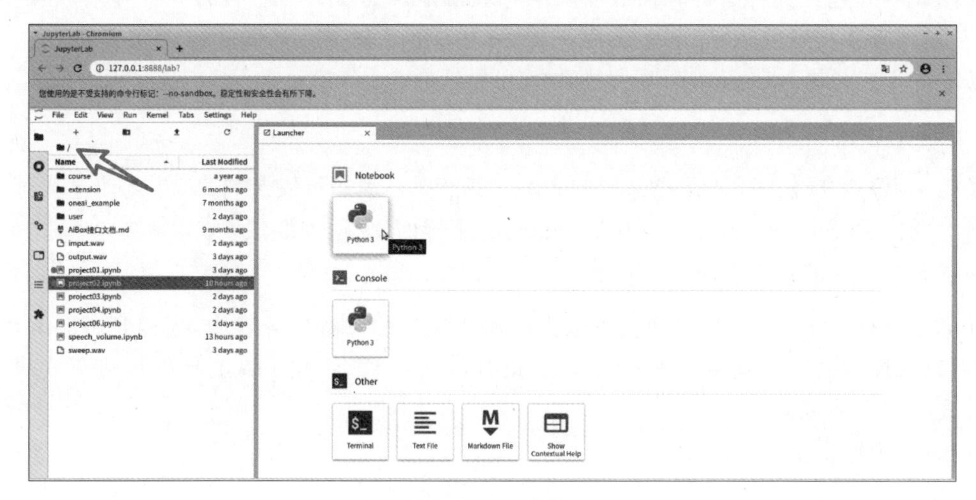

图 1.17　新建项目

【第六步】使用如下代码导入 sounddevice：

```
import sounddevice as sd
```

单击程序编辑区上方的运行按钮开始运行程序，若没有报错，则 sounddevice 安装正常，如图 1.18 所示。

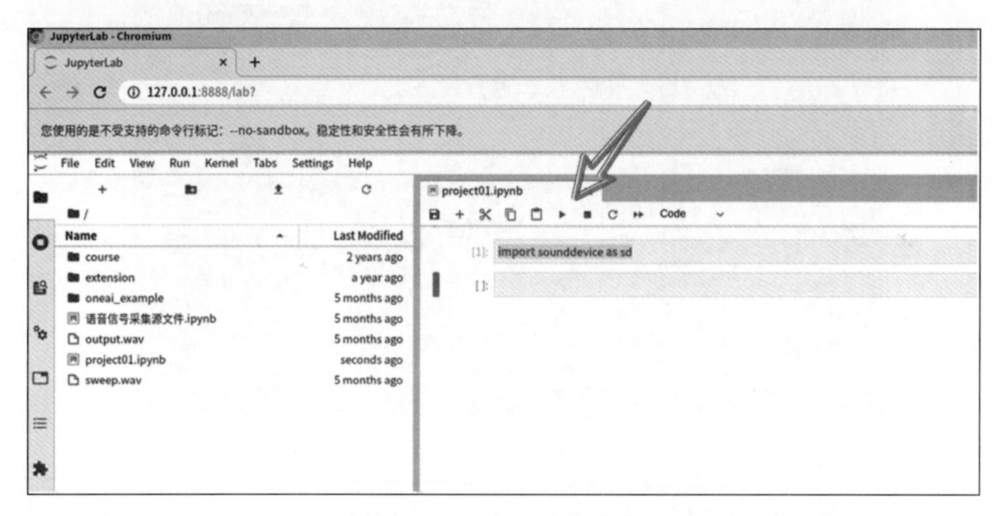

图 1.18　sounddevice 安装成功

（1）利用第二步更新 pip 工具，即可以帮助用户顺利安装相关的库。

（2）库的安装过程不用离开该界面，也不用自己下载安装包，而是利用 pip 安装工具。可以通过编写一个代码，自动完成，如第三步所示。

（3）安装后的库可以通过第四步至第六步进行验证，判断是否安装成功。

2）安装 pyaudio 库

pyaudio 库包含支持录音和播放功能的相关函数。为了支持后续的录音和播放操作，本项目安装该库。与安装 sounddevice 库一样，采用 pip 工具进行代码式自动化安装。

【第一步】安装 pyaudio 库，在终端中输入如下命令。

```
pip install pyaudio
```

【第二步】运行程序，完成 pyaudio 安装。将出现自动运行安装界面，并自动寻找开源资源，当出现提示“Successfully installed pyaudio”字样时，说明安装成功。

3）安装 matplotlib 库

matplotlib 库用来绘图，帮助实现数据的可视化。后续程序开发中，当遇到画图需求时，将利用该库提供的绘图程序。与安装 sounddevice 库一样，采用 pip 工具进行代码式自动化安装，该库的安装过程如下：

在终端中输入如下代码。

```
pip install matplotlib
```

运行结果如图 1.19 所示。出现提示“Successfully installed matplotlib”字样，说明安装成功。

```
Requirement already satisfied: kiwisolver>=1.0.1 in /home/oneai/.local/lib
/python3.6/site-packages (from matplotlib) (1.3.1)
Requirement already satisfied: numpy>=1.15 in /usr/local/lib/python3.6/dis
t-packages (from matplotlib) (1.18.2)
Requirement already satisfied: pillow>=6.2.0 in /usr/local/lib/python3.6/d
ist-packages (from matplotlib) (7.2.0)
Requirement already satisfied: pyparsing!=2.0.4,!=2.1.2,!=2.1.6,>=2.0.3 in
 /usr/local/lib/python3.6/dist-packages (from matplotlib) (2.4.7)
Requirement already satisfied: python-dateutil>=2.1 in /usr/local/lib/pyth
on3.6/dist-packages (from matplotlib) (2.8.1)
Requirement already satisfied: six in /home/oneai/.local/lib/python3.6/sit
e-packages (from cycler>=0.10->matplotlib) (1.16.0)
Building wheels for collected packages: matplotlib
  Building wheel for matplotlib (setup.py) ... done
  Created wheel for matplotlib: filename=matplotlib-3.3.4-cp36-cp36m-linux
_aarch64.whl size=9965583 sha256=1ad4c2c0d4747c9f42eb550c8485794d0b8662cae
6a275f8237c6fdc8a24fb8a
  Stored in directory: /home/oneai/.cache/pip/wheels/ab/3a/f1/db52cf74e627
1c600fb4a35af37a04db1e52eca8b6b4b9287a
Successfully built matplotlib
Installing collected packages: matplotlib
Successfully installed matplotlib-3.3.4
oneai@oneai-desktop:~/Desktop$
```

图 1.19　matplotlib 库导入效果

2. 确认当前默认设备可用

由于要完成声音的录制和播放任务，因此需要采集环境中的物理信号，同时播放声音让用户能够亲耳听到，还需要依靠设备自带的输入和输出装置，如麦克风和扩音器。在编写程序完成声音录制与播放前，需要确认当前默认设备是否可用，以保证后续任务的顺利进行。

查询系统自带的输入和输出设备是否可用。如下代码用来查询所有可用设备，返回一个包含可用设备信息字典的元组，运行效果如图 1.20 所示。

```
sd.query_devices()
```

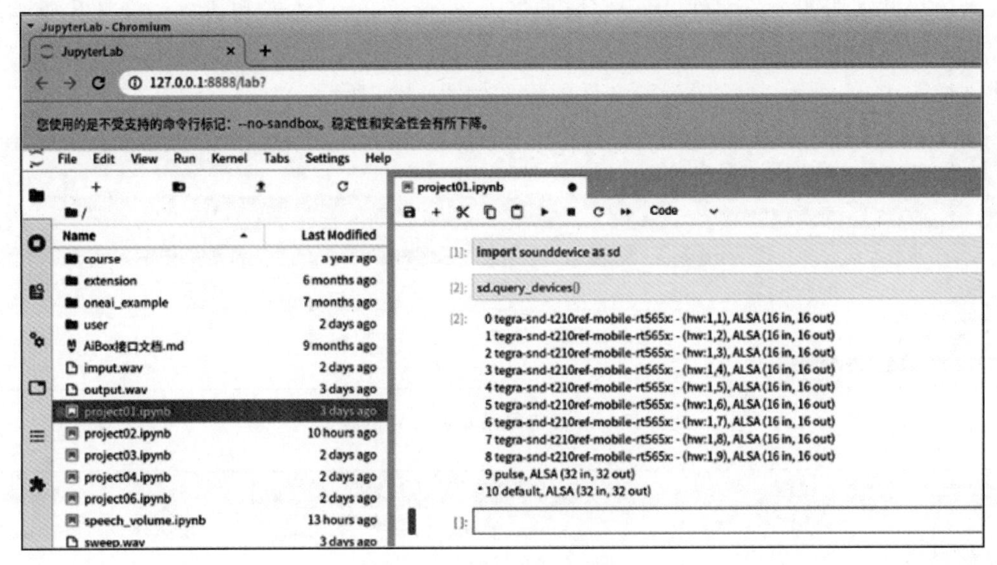

图 1.20 查询可用设备

由图 1.20 可以看到显示的输入、输出都是默认的 ALSA 声音架构，保持默认即可。

1.1.3 采集语音信号

1. 创建语音信号处理源文件

采集语音信号

每次执行语音信号处理编程任务时，需要单独建立空白的待编辑文件，具体步骤如下。

【第一步】双击桌面的 JupyterLab，打开网页。

【第二步】在左上角单击加号，在弹出的页面中选择 Notebook 目录下的 Python 3，新建一个 Python 3 Notebook。

【第三步】生成一个空白的待编辑文件，如图 1.21 所示，在光标处即可编辑后续程序。

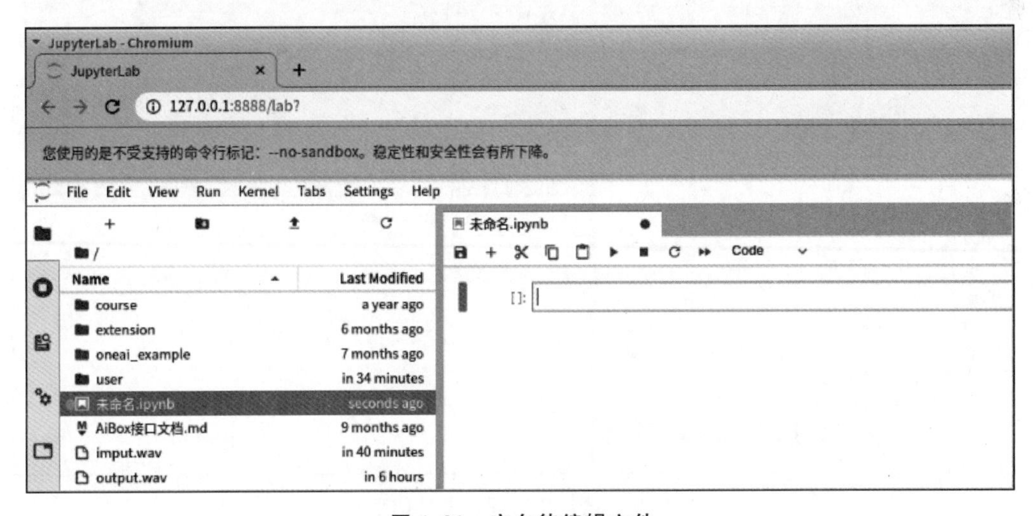

图 1.21 空白待编辑文件

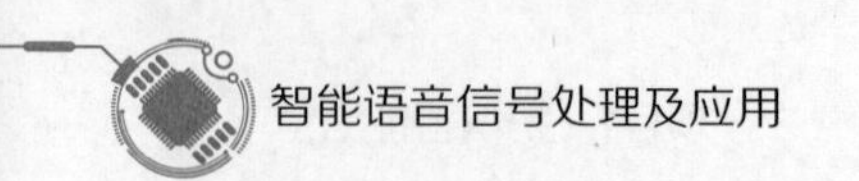

本项目共需要四个源文件，用于完成采集语音、读语音、写语音和播放语音源代码编写。采集语音源文件的建立如图 1.22 所示，读语音源文件的建立如图 1.23 所示，写语音源文件的建立如图 1.24 所示，播放语音源文件的建立如图 1.25 所示。

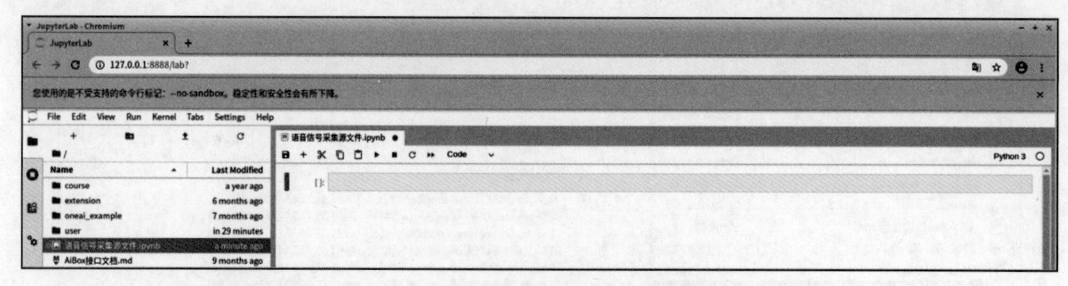

图 1.22　语音信号采集源文件的建立

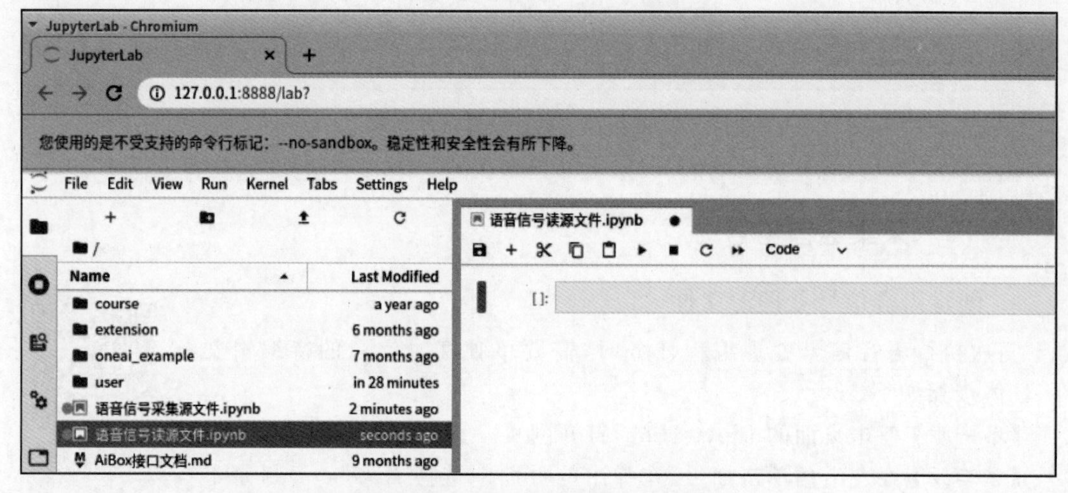

图 1.23　语音信号读源文件的建立

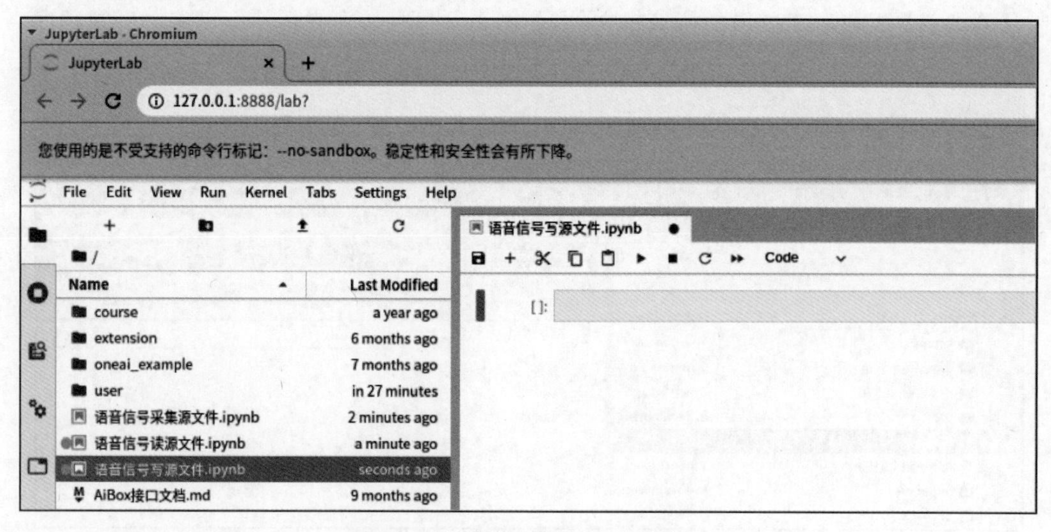

图 1.24　语音信号写源文件的建立

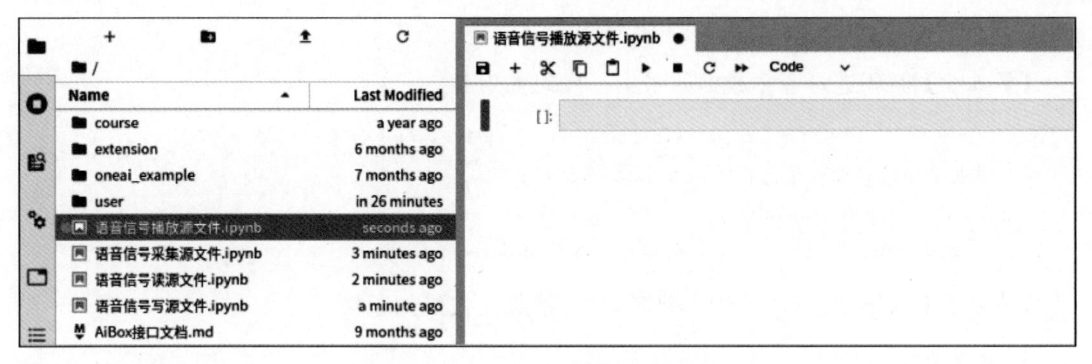

图 1.25　语音信号播放源文件的建立

2. 编辑语音信号采集源代码

编辑语音信号采集源代码具体步骤如下。

【第一步】导入相关库函数，并初始化声卡。在 Jupyter 中导入 pyaudio 库和 wave 库。

```
import pyaudio     #用于获取音频流
import wave     #用于将获取的音频流保存为 WAV 格式
import os     #导入 os 模块
os.system("init_card2 >/dev/null 2>1")     #初始化声卡
original_stderr = os.dup(2)     #复制标准错误文件描述符
nulf = open(os.devnull,'w')     #打开/dev/null,获取/dev/null 的文件描述符
os.dup2(nulf.fileno(), 2)     #将标准错误输出重定向到/dev/null
```

【第二步】设置相关参数。首先，设置采样缓冲区宽度，为采样数据存储提供存储区域；其次，设置单次采样大小，即用于存储每次采样的空间大小；接下来，设置声道数；然后，设置采样时长和采样频率；最后，设置文件的保存路径。代码如下：

```
chunk = 1024     #设置采样缓冲区宽度
sample_format = pyaudio.paInt16     #设置单次采样大小
channels = 2     #设置声道数为 2,即双声道
fs = 44100     #设置采样频率为 44100Hz
seconds = 5     #设置采样时长
filename = "output.wav"     #设置录音文件文件名
```

【第三步】新建一个 PyAudio 对象，作为语音信号读源文件。

```
p = pyaudio.PyAudio()     #新建一个 PyAudio 对象
```

【第四步】打开音频流，设置参数。有了新建的对象，就可以操作录制并采集语音信号了。编辑语音信号读源代码，完成语音“你好，智能语音小义”录制，代码如下：

```
stream = p.open(format = sample_format,     #打开音频流对象
                channels = channels,     #读入上一步设置的声道数
                rate = fs,     #读入上一步设置的采样频率
                frames_per_buffer = chunk,     #读入上一步设置的采样缓冲区宽度
                input = True)
```

```
frames = []    #新建空白数组来保存数据
```

【第五步】循环进行音频数据的采集。代码如下：

```
for i in range(0, int(fs / chunk * seconds)):    #循环 5s 进行录音采样
    #将音频流读取的信息存入名为 data 的数据中
    data = stream.read(chunk)
    frames.append(data)    #帧数据后添加数据 data
```

【第六步】循环结束后，关闭音频流，录音结束。代码如下：

```
#停止关闭流
stream.stop_stream()
stream.close()
#释放 PorAudio 对象
p.terminate()
print('录音结束')
```

【第七步】将保存在变量中的数据保存到 WAV 文件中，使其既可以作为数据存储以备后续使用，也可以用于将来直接播放声音。

```
#保存录音数据到 WAV 格式文件中
wf = wave.open(filename, 'wb')    #设置 WAV 文件操作形式为“只写入”
wf.setnchannels(channels)    #读入前期设置的通道数
wf.setsampwidth(p.get_sample_size(sample_format))
wf.setframerate(fs)    #读入前期设置的采样频率
wf.writeframes(b''.join(frames))    #将第二步录制的数据写入文件
wf.close()    #关闭文件
```

3. 调试运行语音信号采集源代码

运行以上编写的程序，即可开始进行语音信号的采集，共产生三个运行的结果。

1）开始录音

界面显示“开始录音”，如图 1.26 所示。

2）编辑端展示提示语并录音 5s

此时对着便携式人工智能教学平台说：“你好，智能语音小义”，5s 后程序自动结束录音。编译器端的运行结果如图 1.27 所示。

3）录音结束后生成结果文件

录制的结果以文件形式保存在计算机中，打开桌面的主文件夹（oneai），进入 jupyterlab 文件夹，可以看到采集的音频文件“output.wav”，如图 1.28 所示。双击打开 output.wav 文件，即可听到刚才录制的声音：“你好，智能语音小义”。我们可以通过声音效果判断前期程序是否正常运行，是否成功实现声音录制功能。

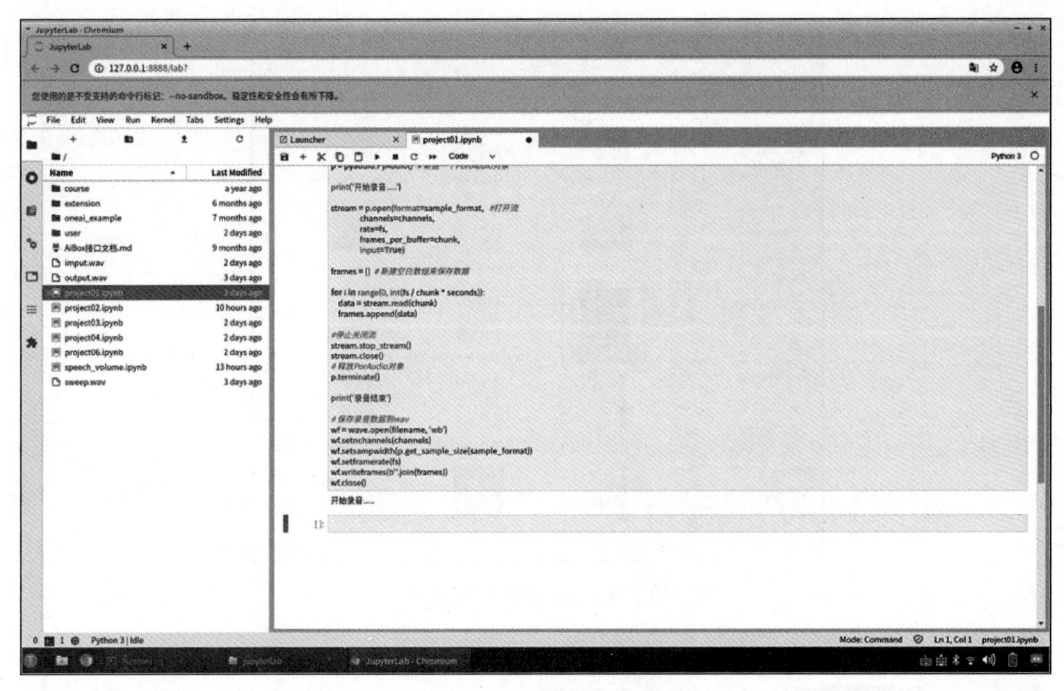

图 1.26　开始录音结果

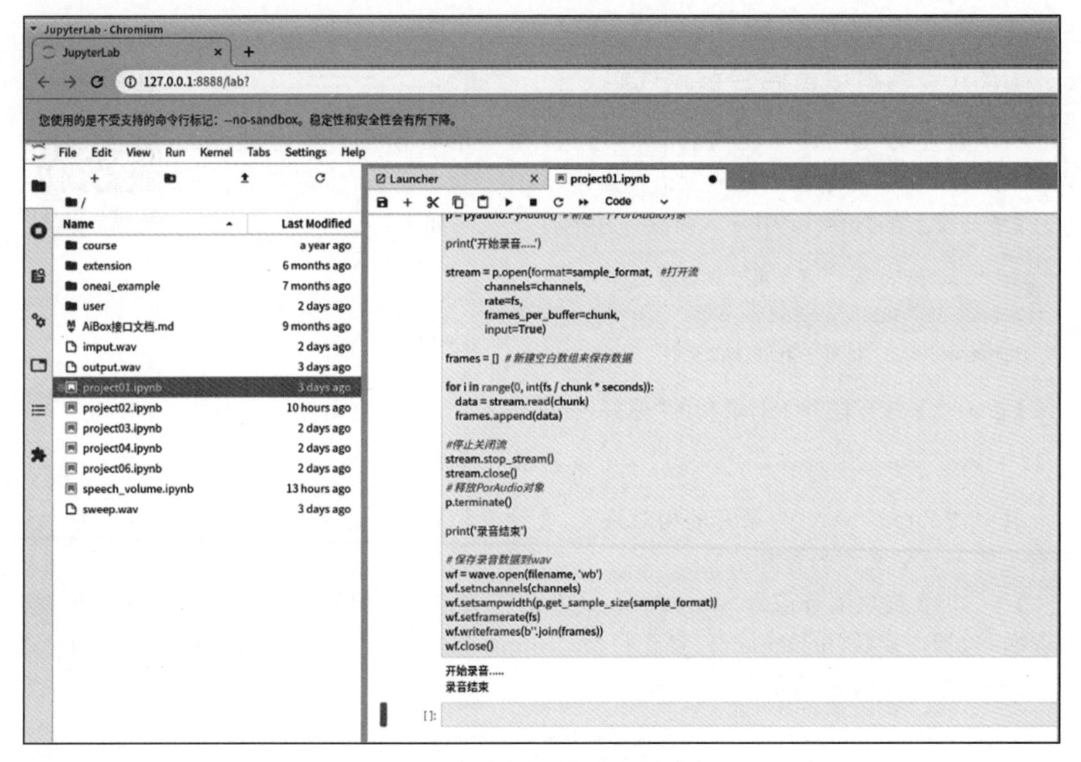

图 1.27　音频采集程序运行结果

图 1.28　采集的音频文件

任务 1.2　读取语音信号——你好,智能语音小义

1.2.1　编辑语音信号读源代码

读语音信号

有了新建的程序编写源文件,即可以操作读语音信号。将存储的WAV音频文件读为数据。完成读语音操作,具体步骤如下。

【第一步】在Jupyter中导入需要使用的库。代码如下:

```
import numpy as np      #用于数据类型转换
import matplotlib.pyplot as plt      #用于绘制图像
import wave      #用于打开WAV文件
```

【第二步】打开任务1.1录制的"你好,智能语音小义"音频文件。代码如下:

```
f = wave.open(r"output.wav", 'rb')      #设置WAV文件操作形式为"只读取"
```

其中,"output. wav"为录音的相对路径,变量f为采集到的录制在便携式人工智能教学平台上的WAV文件的音频信息。

【第三步】提取语音信号"output. wav"中的相关信息。可以使用如下代码读取相关音频参数,包括声道数(nchannels)、量化位数(sampwidth)、采样频率(framerate)和采样点数(nframes)等。代码如下:

```
params = f.getparams( )      #一次性返回所有的音频参数
nchannels, sampwidth, framerate, nframes = params[:4]
```

如下代码实现获得采样点数数据长度(以取样点为单位),返回的是字符串类型的数据。

```
str_data = f.readframes(nframes)    #读取语音文件的所有样点,即全部语音信号
f.close()    #关闭文件流
```

【第四步】数据类型转化。

由于音频文件格式是以两个字节表示一个取样值,因此需要将读取的字符串数据转换为 short 类型的一维数组。通过 np.frombuffer 函数可以将字符串转换为数组,通过其参数 dtype 可以指定转换后的数据格式,完成数据的归一化处理。代码如下:

```
wave_data = np.frombuffer (str_data, dtype = np.short)    #数据类型转化
wave_data = wave_data * 1.0/(max(abs(wave_data)))    #数据的归一化
```

【第五步】整合左右声道数据。

现在的 wave_data 是一个一维 short 类型数组。由于音频文件是双声道的,由左右两个声道的取样交替构成,因此需要整合左声道和右声道的数据。代码如下:

```
wave_data = np.reshape(wave_data,[nframes,nchannels])    #将语音信号分为 nchannels 个声道
```

1.2.2 调试运行语音信号读源代码

经过处理的音频数据完成了读操作。为了调试运行,验证程序的有效性,我们采用数据可视化的方式对数据进行绘图操作。具体步骤如下。

【第一步】通过采样点数和取样频率计算出每个取样的时间,用以绘制相关分析图形,代码如下:

```
time = np.arange(0, nframes) * (1.0 / framerate)    #生成长度为语音时长的数列
```

【第二步】编写绘图代码如下:

```
plt.figure()
#绘制左声道波形
plt.subplot(3,1,1)    #设置绘图位置
plt.plot(time, wave_data[:,0])    #用数据画出曲线
plt.xlabel("time (seconds)")    #设置曲线图的横坐标显示文字
plt.ylabel("Amplitude")    #设置曲线图的纵坐标显示文字
plt.title("Left channel")    #设置曲线图的题目显示文字
plt.grid( )    #显示图片中的网格线
#绘制右声道波形
plt.subplot(3,1,3)    #设置绘图位置
plt.plot(time, wave_data[:,1], c = "g")    #用数据画出曲线
plt.xlabel("time (seconds)")    #设置曲线图的横坐标显示文字
plt.ylabel("Amplitude")    #设置曲线图的纵坐标显示文字
plt.title("right channel")    #设置曲线图的题目显示文字
plt.grid( )    #显示图片中的网格线
```

【第三步】运行展示图片。

运行代码,绘制录音的波形如图 1.29 所示,绘制的波形图中,横坐标为时间,纵坐标为振幅。

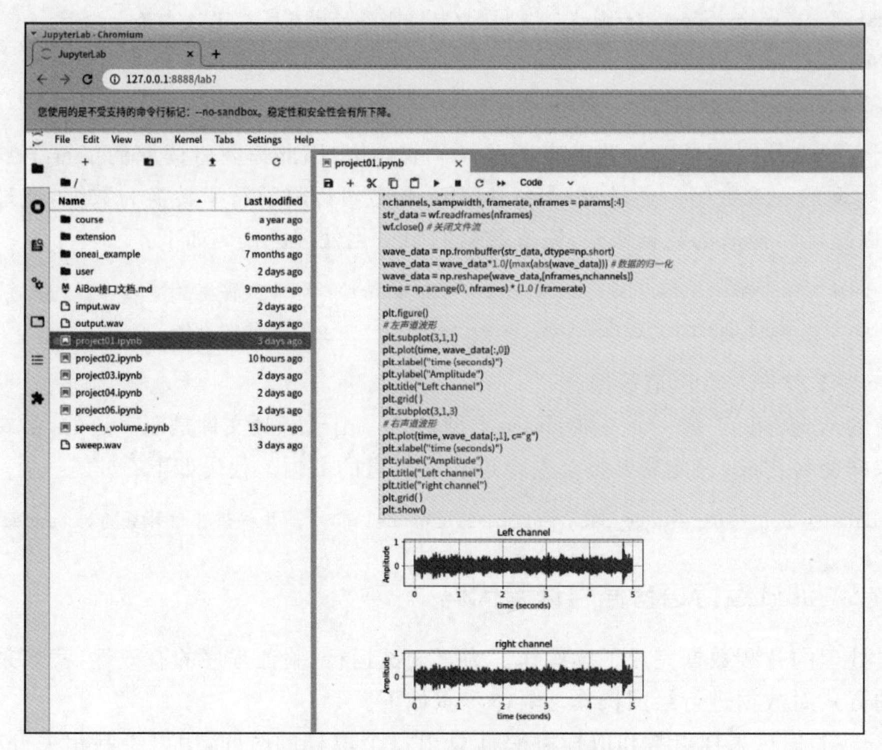

图 1.29 读语音文件运行结果

任务 1.3 写语音信号

1.3.1 编辑语音信号写源代码

写语音信号

有了新建的程序编写源文件，即可以操作写语音信号，并将其存储为WAV音频文件。本任务以人为制造的特定波形来代表音频。具体步骤如下。

【第一步】导入需要的库函数。代码如下：

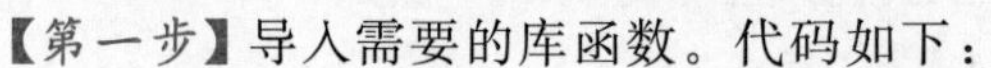

```
import numpy as np      #用于生成等差数列
```

【第二步】设置采样频率和持续时间，其中转读时长单位为秒。代码如下：

```
framerate = 44100    #采样频率，单位 Hz。采样频率不宜设置过低，过低的频率难以通过播放设备
                      播放出明显的声音
time = 10    #持续时间
```

【第三步】生成等差数列用于后续调节音频频率使用。调用 arange 函数，生成一个等差数列，且等差数列的长度为上一步设置的持续时间，等差间隔通过第二步设置的采样频率求倒数进行计算。代码如下：

```
t = np.arange(0, time, 1.0/framerate)    #生成等差数列
```

【第四步】生成频率渐变的正弦波形作为声音波形。调用 scipy.signal 库中的 chirp 函

数,生成频率渐变的余弦波。利用第三步生成的等差数列 t,t 中的时间点更改余弦信号的频率值,产生长度为 10s、100Hz～1kHz 的频率扫描波,作为人造的语音信号数据。代码如下:

```
from scipy.signal import chirp
#chirp 生成了 100 Hz 线性递增到 1000 Hz 的振幅为 1 的余弦波,* 10000 将其振幅放大,使声音放大
  到能听清楚
wave_data = chirp(t, 100, time, 1000, method = 'linear') * 10000
```

【第五步】数据类型转化。将第四步生成的人造音频数据转化为 short 数据类型,代码如下:

```
wave_data = wave_data.astype(np.short)      #将其转换为 short 类型
```

【第六步】打开 WAV 格式的音频文件,用来完成写操作。代码如下:

```
import wave
f = wave.open(r"sweep.wav", "wb")     #打开音频文件
f.setnchannels(1)     #配置声道数
f.setsampwidth(2)     #配置量化位数
f.setframerate(framerate)     #配置在第一步中设置好的采样频率
```

【第七步】将 wav_data 转换为二进制数据写入文件,代码如下:

```
f.writeframes(wave_data.tobytes())
print('音频已写入文件')
f.close()     #关闭文件
```

1.3.2　调试运行语音信号写源代码

为了验证经过处理的人造声音波形写入的有效性,可以直接单击运行听取声音效果。具体实现分为以下两步。

【第一步】运行代码。运行以上各部分代码,结果如图 1.30 所示,界面中会提示,已经完成音频写入文件操作。

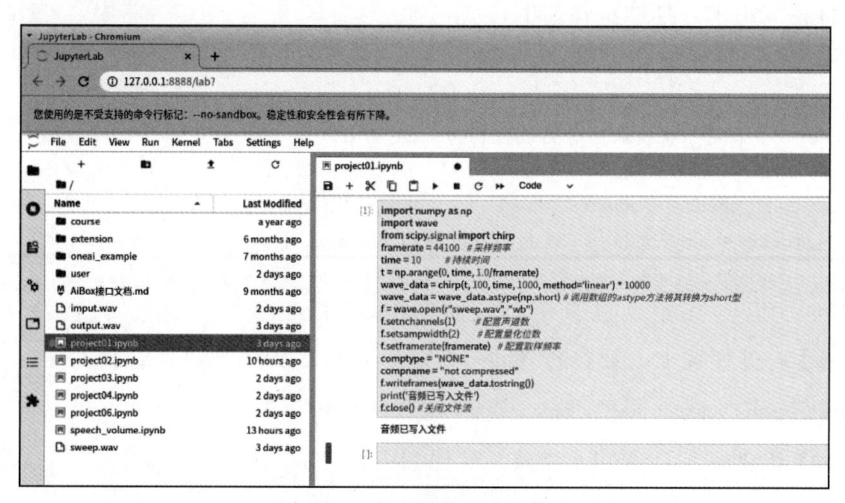

图 1.30　写操作运行结果

【第二步】试听声音。在 jupyterlab 文件夹中会生成文件“sweep. wav”，双击打开并试听，会听到一段像救护车的声音，持续时间 10s。可见其声音的音调一直在变化，这是频率改变造成的，如图 1.31 所示。

图 1.31　打开写入的音频文件试听操作

任务 1.4　播放语音信号——你好，智能语音小义

1.4.1　编辑语音信号播放源代码

播放语音信号

用程序实现语音信号的播放功能，即读取现有 WAV 文件。本任务利用程序将采用任务 1.2 采集的语音，即读者自己录制的“你好，智能语音小义”音频文件播放出来。具体步骤如下。

【第一步】导入需要的库函数，并初始化声卡。代码如下：

```
import pyaudio      #用于获取音频流
import wave      #用于将获取的音频流保存为 wave 格式
import os      #导入 os 模块
os.system("init_card2 >/dev/null 2>1")      #初始化声卡
original_stderr = os.dup(2)      #复制标准错误文件描述符
nulf = open(os.devnull,'w')      #打开/dev/null,获取/dev/null 的文件描述符
os.dup2(nulf.fileno(),2)      #将标准错误输出重定向到/dev/null
```

【第二步】打开任务 1.1 录制的“你好，智能语音小义”WAV 格式音频文件。代码如下：

```
wf = wave.open(r"output.wav", 'rb')      #打开音频文件
```

【第三步】新建一个 PyAudio 对象。代码如下：

```
p = pyaudio.PyAudio()      #新建一个 PyAudio 对象
os.dup2(original_stderr,2)      #将标准错误输出重定向到/dev/null
```

【第四步】使用函数 open()打开声音输出流，其中 rate 为采样频率，channels 为声道数，format 为采样值的量化格式。代码如下：

```
#打开声音输出流
stream = p.open(format = p.get_format_from_width(wf.getsampwidth()),
                channels = wf.getnchannels(),
                rate = wf.getframerate(),
                output = True)
```

【第五步】设置采样缓冲区宽度参数，代码如下：

```
chunk = 1024    #设置采样缓冲区宽度
```

【第六步】写声音输出流到声卡进行播放，代码如下：

```
print('开始播放 output.wav')     #屏幕输出'开始播放 output.wav'
data = wf.readframes(chunk)     #设置采样点长度
while len(data) > 0:     #写声音输出到声卡
    stream.write(data)
    data = wf.readframes(chunk)
print('播放结束')
stream.stop_stream()
stream.close()
p.terminate()     #关闭 PyAudio
```

1.4.2　调试运行语音信号播放源代码

为调试代码的有效性，采用听声音验证的方法，听一听播放的声音是否为任务 1.1 录制的“你好，智能语音小义”。

运行程序，可以听到便携式人工智能教学平台的音响播放出所录制的音频：“你好，智能语音小义”，编译器的运行结果如图 1.32 所示。

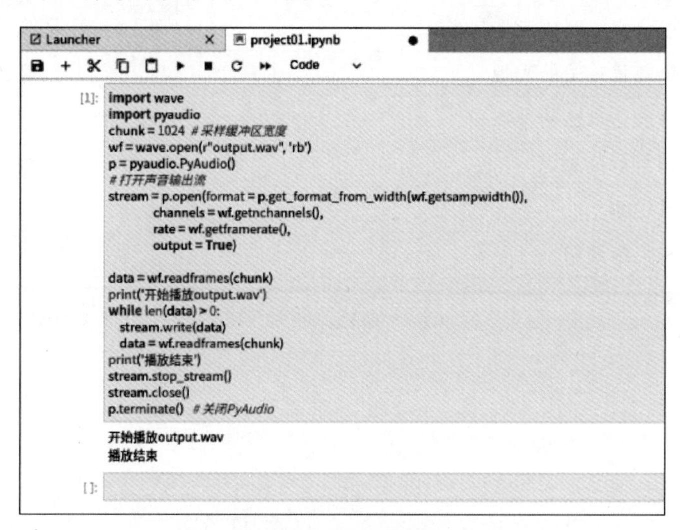

图 1.32　播放音频文件操作结果

项目评价

完成本项目中的学习任务后，请对学习过程和结果的质量进行评价和总结，并填写评价反馈表。自我评价由学习者本人填写，小组评价由组长填写，教师评价由任课教师填写。

班级	姓名	学号		日期		
自我评价	1. 是否能完成“你好，智能语音小义”语音信号采集，生成采集音频文件“output. wav”			□是	□否	
	2. 是否能完成录制成功的“output. wav”语音信号的读取			□是	□否	
	3. 是否能完成写语音，通过设置语音信息的方式生成一段语音信号，命名为“sweep. wav”			□是	□否	
	4. 是否能完成录制成功的“output. wav”语音信号的播放；播放效果为“你好，智能语音小义”			□是	□否	
	5. 在完成任务时遇到了哪些问题？是如何解决的					
	6. 是否能独立完成工作页的填写			□是	□否	
	7. 是否能按时上、下课，着装规范			□是	□否	
	8. 学习效果自评等级		□优	□良	□中	□差
	总结与反思：					
小组评价	1. 在小组讨论中能积极发言		□优	□良	□中	□差
	2. 能积极配合小组完成工作任务		□优	□良	□中	□差
	3. 在查找资料信息中的表现		□优	□良	□中	□差
	4. 能够清晰表达自己的观点		□优	□良	□中	□差
	5. 安全意识与规范意识		□优	□良	□中	□差
	6. 遵守课堂纪律		□优	□良	□中	□差
	7. 积极参与汇报展示		□优	□良	□中	□差
教师评价	综合评价等级： 评语： 教师签名：　　　　日期：					

项目拓展

在写语音信号的过程中，思考采样频率对播放的音频的影响。尝试设置采样频率为4.41kHz，并完成写音频操作并播放该段音频。

项目小结

计算机以数据为载体，记录、处理语音信息，是智能语音技术发展的基础。通过本项目的学习，将掌握智能语音的概念、发展历程、产业结构以及对未来的影响，并学习语音信号的采集、读写以及播放方法。

习　题

一、填空题

1. 智能语音技术是一种________技术，它是以________为基础，________和________为辅，将语言输入信息进行提取、分析、整理，最终通过________或________等方式输出并完成响应。

2. 智能语音技术的发展历程可分为________、________、________及________四个阶段。

3. 麦克风是收集声音的传感器，将________转换为计算机能读取的________，用来对声场的空间特性进行采样并处理。

4. ________是声音的传播形式，发出声音的物体称为声源。它是一种________波，是由声源振动产生的。

二、选择题

1. 下列(　　)不属于智能语音产业的技术层。

   A. 语音技术　　B. 人机交互　　C. 计算平台　　D. 机器学习

2. 关于声音的采样和量化，下列说法错误的是(　　)。

   A. 采样频率指每秒钟采集音频数据的次数

   B. 数字信号：时间离散，幅值离散

   C. 量化过程是先将采样后的信号按整个声波的幅度划分成有限个区段的集合，把落入某个区段内的样值归为一类，并赋予相同的量化值

   D. 人耳所能接收声音频率范围为200Hz～20kHz

3. 下列不是声波的物理参数的是(　　)。

   A. 振幅　　B. 周期　　C. 频率　　D. 形状

三、判断题

1. 声波传播方式是物质的移动，是能量的传播。　　　　　　　　　　　　　　（　　）

2. 进行语音信号采样时，需要设置声道数，声道数是指支持能相同发声的音响的个数。

（　　）

四、简答题

请简述语音处理的一般流程，并画出流程图。

五、项目实操

请用程序实现语音信号的播放功能：录制"你好，智能语音小义"的音频文件，并利用程序将其播放出来。

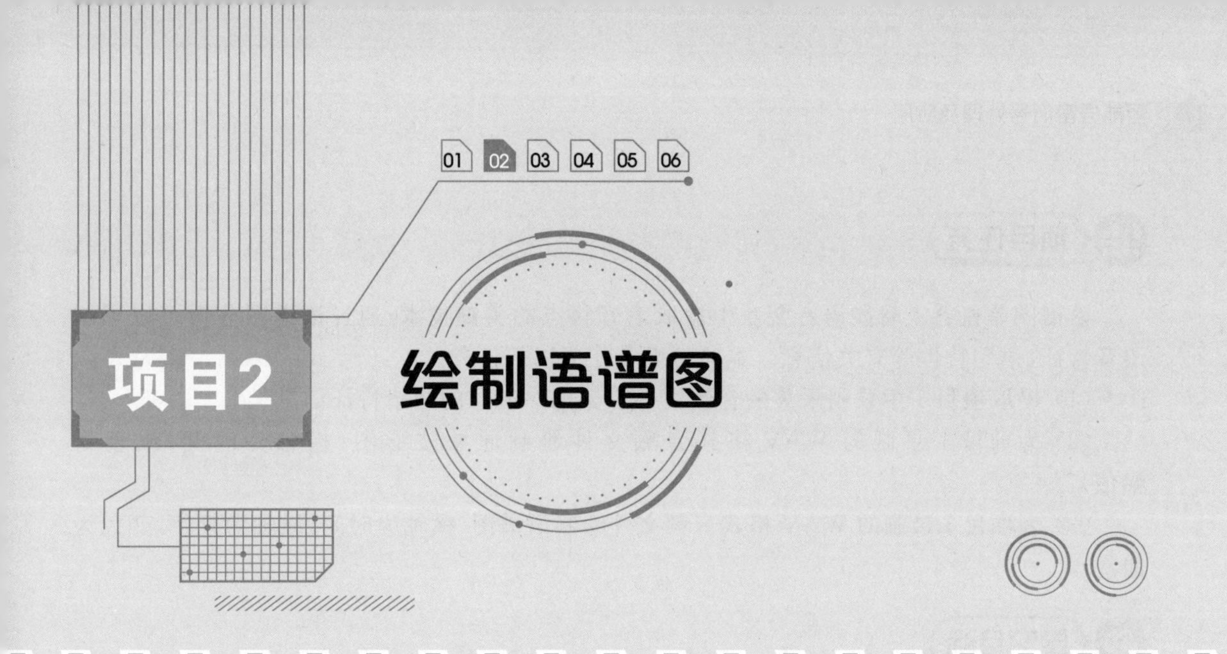

项目2 绘制语谱图

项目导入

人们能够通过耳朵听到环境中的多种声音，而且能够准确、轻松地分辨出说话人的性别、是否熟人、情绪状态和讲话的内容等。那么计算机面对一串音频数据，是否也能做出这些判断呢？事实上，不同的语音信号具有不同的特点，计算机通过语音信号的特征分析，同样也能判断出不同声源的特点，甚至可以通过图片的方式展示出来。计算机可以将声音转换为频谱分析视图，即语谱图(spectrogram)，从而对声音进行特征分析。语音信号的一段语谱图如图 2.1 所示。

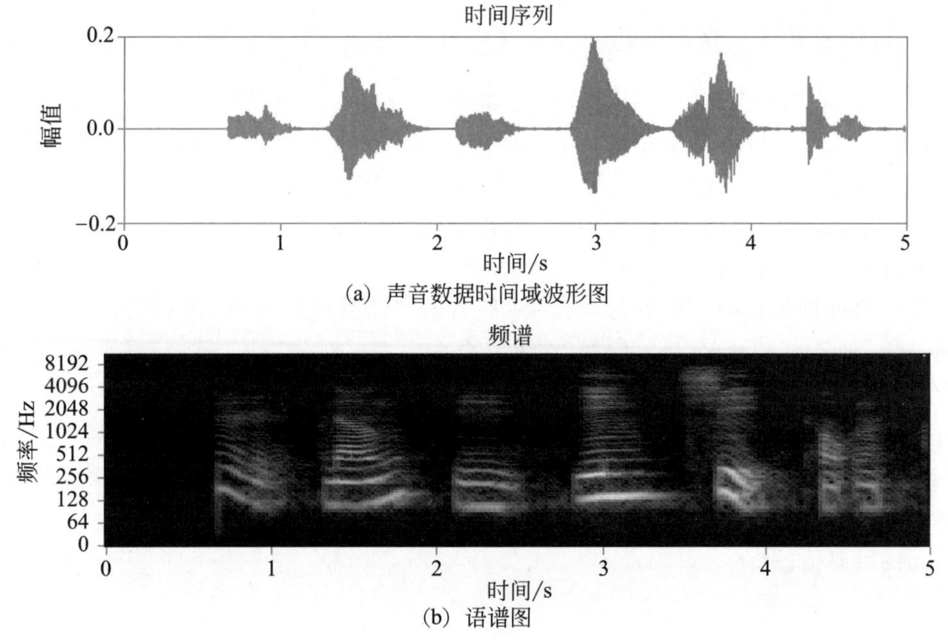

(a) 声音数据时间域波形图

(b) 语谱图

图 2.1　声音数据时间域波形图与语谱图

项目任务

语谱图是机器人智能语音交互中提取声音特点的关键技术，通过语谱图分析可以了解语音特征、语句特性等有关信息。本项目需要完成以下任务。

(1) 提取项目1中录制采集的音频文件"output. wav"的频率特征信息。

(2) 为项目1录制的WAV格式音频文件绘制原始波形图(横轴为时间，纵轴为幅值)。

(3) 为项目1录制的WAV格式音频文件绘制语谱图(横轴为时间，纵轴为频率，颜色为能量)。

学习目标

1. 知识目标

- 掌握语音信号处理及分析的基础知识。
- 掌握语谱图的概念。
- 了解语谱图的应用。

2. 能力目标

- 能够安装开源绘图库matplotlib。
- 能够在给定WAV音频文件的基础上绘制语谱图。

知识链接

1. 语音信号处理及分析基础

1) 语音信号处理概述

语音信号处理是以语音学和数字信号处理技术相结合的交叉学科，它和认知科学、心理学、语言学、信号与信息处理、声学、模式识别以及人工智能等学科紧密联系。其研究内容通常包括语音通信、语音识别、说话人识别、语音合成、语音编码、语音增强等。图2.2为语音信号处理过程的结构框图。

语音信号处理的目的一般有两种：一种是对语音信号进行分析，提取特征参数，用于后续处理；另一种是加工语音信号，例如，在语音合成中需要对分段语音进行平滑拼接，获得音质较高的合成语音。

由图2.2可知，无论是语音合成还是语音识别，都需要对输入的语音信号先进行预处理；接着对其进行数字化处理，将模拟信号转换成数字信号，便于计算机处理；然后对其进行特征提取，用于反映语音信号特征的参数来代表语音；最后，根据语音信号处理任务的不同，采取不同的处理方法。

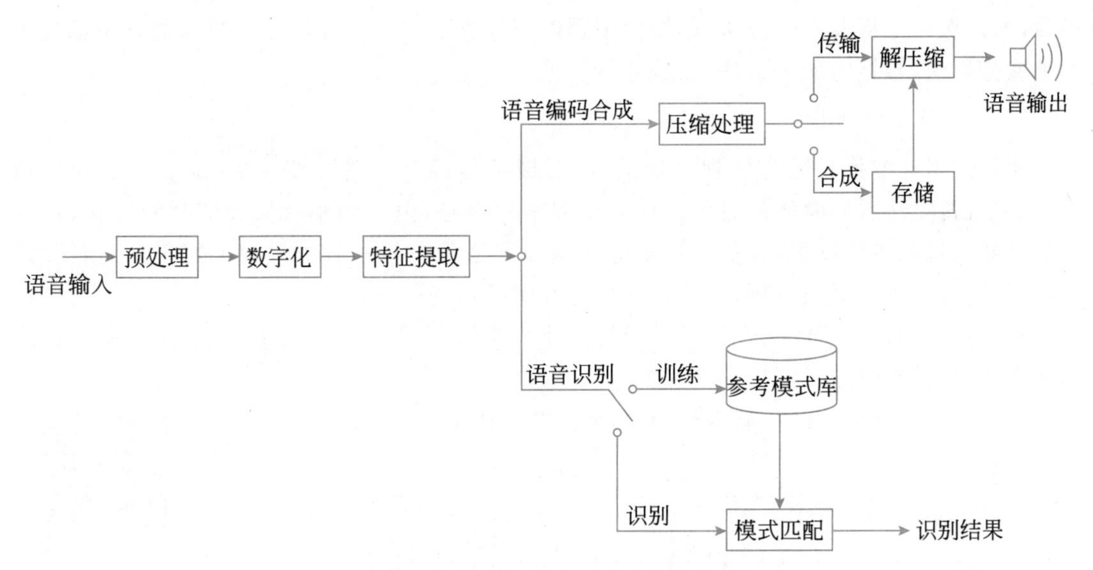

图 2.2 语音信号处理过程的结构框图

2）语音信号预处理

语音信号
预处理方法

在语音信号特征提取之前进行的加工完善准备工作，即为预处理。目的是消除声音混叠、失真等对语音信号质量的影响。经过预处理之后的语音信号更为均匀、平滑，能够显著提高语音处理质量。语音信号的预处理一般包括：预加重、分帧和加窗等，具体原理和实现方法可扫描右方二维码查阅学习。

3）语音信号数字化

语音信号的数字化一般包括放大及增益控制、反混叠滤波、采样、A/D 变换及编码，其过程如图 2.3 所示。

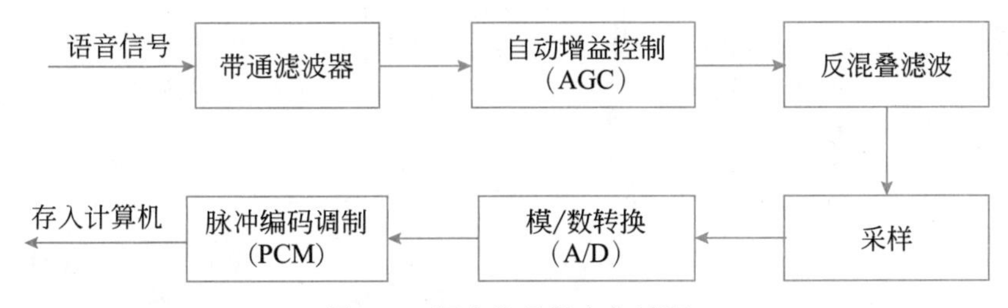

图 2.3 语音信号数字化过程

4）语音信号特征提取

语音信号特征提取是语音信号处理的基础与前提，只有分析出可表征语音信号中携带的说话人信息的特征参数，才能进行高效的语言通信、准确的语言识别，从而建立语音合成的语音库。语音信号特征提取的基础是分帧，将语音信号切成一帧一帧，每帧大小大约是 10～30ms。

根据提取特征参数的不同方法，可将语音信号分析分为时域分析、频域分析、倒频域分析和其他分析。根据不同的分析方法，可将语音信号分为模型分析方法和非模型分析方法两种。模型分析法是指根据语音信号产生的数学模型，来分析和提取表征这些模型的特征参数，如共振峰分析及声管分析（即线性预测模型）法；不按模型进行分析的其他方法都属于非模型分析法，包括时域分析法、频域分析法等。

5）短时傅里叶变换

通常傅里叶变换只适合处理平稳信号，时域信号经过傅里叶变换后，就变成了频域信号，从频域是无法看到时域信息的。而对于非平稳信号，由于频率特性会随时间变化，仅仅通过时域信号或者幅度谱，我们是很难分析这段非平稳信号的特征。为了捕获这一时变特性，需要对信号进行时频分析，也就是进行短时傅里叶变换。

对分帧并加窗之后的语音信号进行傅里叶变换，称为短时傅里叶变换，它是绘制语谱图的重要环节，其数学定义可扫码学习。

以语音信号分帧后的一帧信号为例，如图 2.4 所示。

傅里叶变换
数学定义

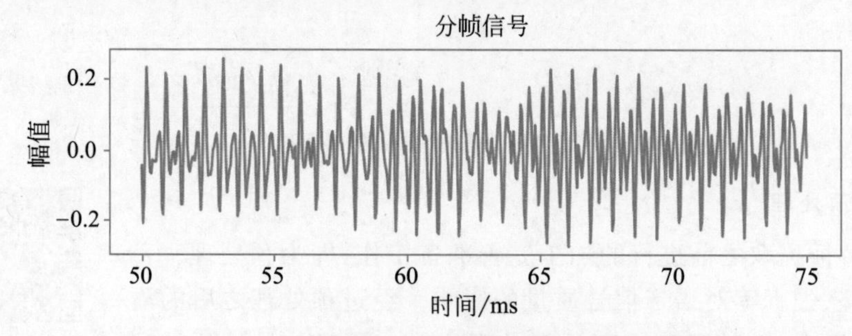

图 2.4 分帧后语音信号

通过分帧处理，该段时间内的语音信号是平稳的，没有明显的频率波动，时长为 25ms。对该分帧后的一帧语音信号做傅里叶变换，得到的结果叫频谱，如图 2.5 所示。

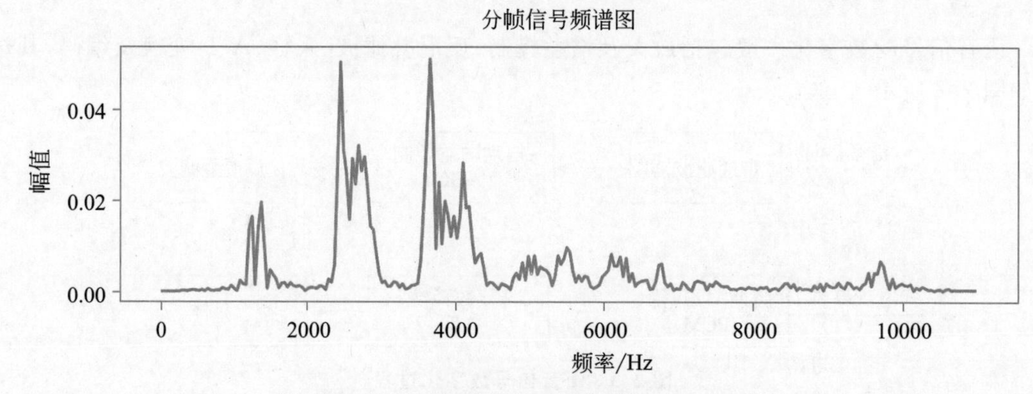

图 2.5 示例分帧信号傅里叶变换频谱

图 2.5 中的横轴是频率，纵轴是幅值。从频谱上就能看出这帧语音在 2500Hz 和 3500Hz 附近的能量较强。也可以看出频谱上的一个个小峰，体现了语音的音高——峰越稀疏，音高也越高。

6）声音数据频谱分析示例

用男声录制一段语音信号，用语速较慢的方式发音："智～能～语～音～系～统"，其时间域的波形图如图 2.6 所示。

声音数据频谱
分析示例

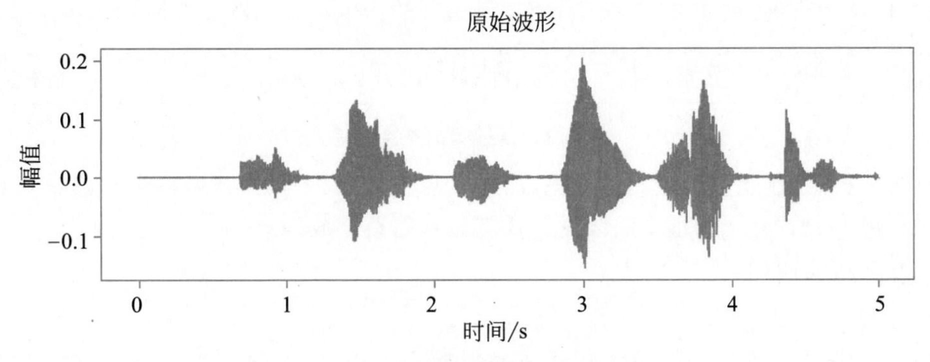

图 2.6 示例声音数据时间域波形

可以从图 2.4 中明显看出在 0～5s 内，有六个明显的分开的波峰，每个波峰代表一个字，分别为“智”“能”“语”“音”“系”“统”，对该语音信号采用傅里叶变换进行处理，绘制短时傅里叶变换的频谱图，如图 2.7 所示。

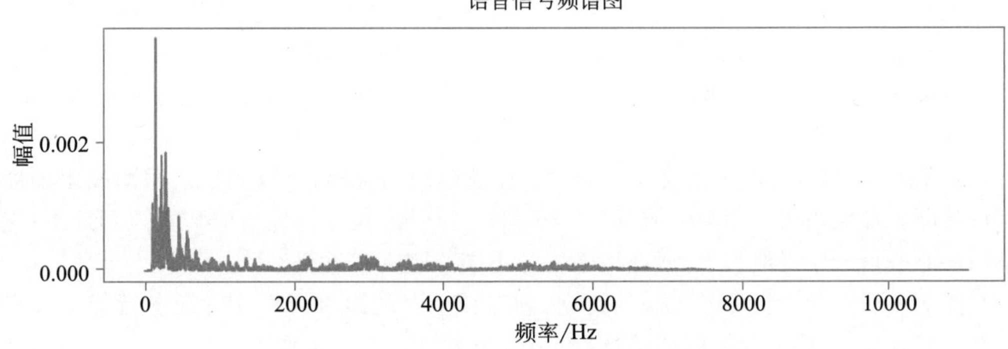

图 2.7 示例声音数据短时傅里叶变换频谱

图 2.7 中的横轴是频率，纵轴是幅值。从频谱上就能看出不同频段的声音，1000Hz 以内的能量比较强。也可以从语音的频谱上看到一个个小峰。虽然这个频谱图明显地展示了频率信息，能看出哪个频率的能量最强，但是并没有显示时间信息，无法判断出原始语音曲线上的五个单独的字相对应的时间，因此在语音分析时，多在短时傅里叶变换的基础上绘制语谱图，并作为分析工具。

2. 语谱图的定义

语谱图的定义

持续一定时间的语音信号包含时间域的信息以及频率域的信息。语谱图即时域和频域信息的组合，是表示语音频谱随时间变化的图形。语谱图借助于傅里叶分析得到显示频域的图形，并借助二维平面图来表达三维信息，形成三维频谱（横轴代表时间，纵轴代表频率，颜色代表能量）。灰度图用颜色深浅代表语音信号的强弱：颜色越深代表语音信号越强，颜色越浅代表语音信号越弱。彩色图用不同的颜色代表语音信号的强弱，用亮色（如黄色）代表语音信号强，用深色（如深蓝色）代表语音信号弱。语谱图形象地展示了频率端的能量分布，综合了语音信号的时域/频域特征，其展示出的纹理特征可以用来区分不同的说话人、不同的语种、不同的音色和不同的情感等说话人的关键信息。这种反映语音信号动态频谱特性的时频图在语音分析中有重要的使用价值，被视为“可视语言”。语谱图的产生流程如图 2.8 所示。

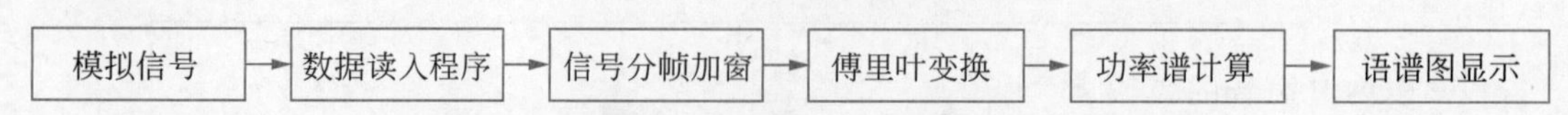

图 2.8　语谱图的产生流程

利用语谱图绘制函数可绘制语谱图，所需信息为音频数据、分帧后每个片段数据点的窗长度、采样频率、加窗函数、重叠部分的采样点数和是否缩放等。

3. 语谱图的应用

语谱图代表了声音特性，其应用于以下诸多方面。

(1) 应用语谱图对人们的声音特征进行提取和识别，可以做到更简单、方便、安全的身份验证，推进生物特征识别技术的发展，使得通过提取说话人语音特征验证说话人身份成为可能。

(2) 应用语谱图可以提取语音信息中的情感信息，推进语音情感识别的研究，使计算机能够自动获取说话人的情感波动状态。语谱图技术的应用，可以大大推进汉语方言的自动分区研究。

(3) 语谱图对声音特点进行的提取，并不局限于人类发出说话的声音，甚至可以利用其提取的特征信息进行野外运动车辆的识别，作为无人值守地面传感器系统的重要部分，帮助获取入侵目标的情报。

(4) 在医疗领域，对于一些需要依据声音特点判断的疾病，可以利用语谱图技术辅助进行疾病诊断。如应用语谱图辅助准确区分各种肺音信号，获得更理想的肺音识别效果；应用语谱图从心音信号中提取有效的信息，来区分不同心脏疾病类型等。

对图 2.4 所示的语音信号绘制语谱图，即对该信号的短时傅里叶变换进行能量谱密度计算并加彩色显示，同时加入时间信息，绘制语谱图如图 2.9 所示。

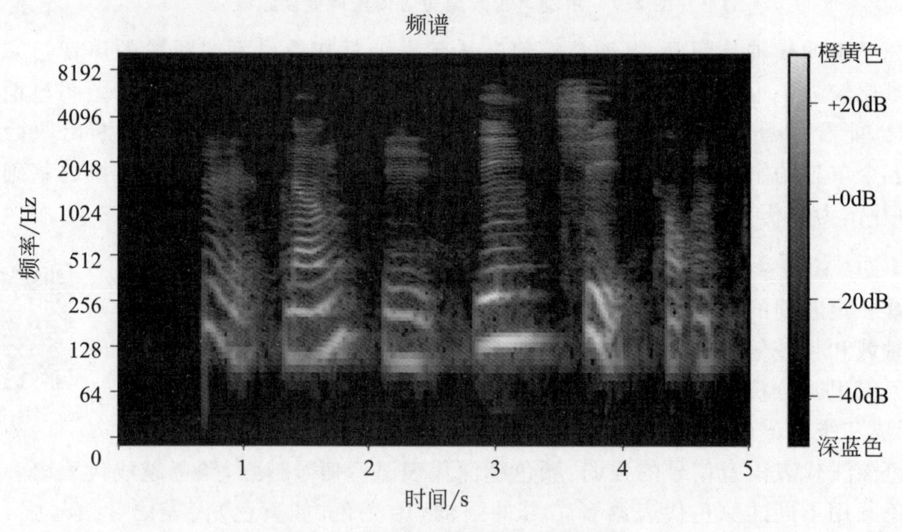

图 2.9　示例语音信号生成语谱图

由图 2.9 中可知，除了频率信息外，还有时间信息(横轴为时间)，使用深蓝色到橙黄色的渐变颜色对应不同的能量可以明显看出六个独立的橙黄色区域，代表这部分时间段内有

明显幅值更高的能量信息出现，分别对应了“智”“能”“语”“音”“系”“统”六个字，深蓝色的区域代表分贝很低，能量很低，几乎没有声音。对应纵轴，可以看出该段语音信号的频率在8000Hz以内。声音的幅值、时间和频率三种信息都体现在了这张语谱图中。

4. Python在语谱图绘制中的应用

使用Python语言编程来实现语谱图的绘制，所用到的关键函数功能说明如表2.1所示。

表2.1 关键函数功能说明

函数名称	功能说明
abs(a)	Python内置函数，返回数字a的绝对值
sorted(iterable, key=None, reverse=False)	Python内置函数，用来实现二维数组排序
pyplot.specgram(x,NFFT=None, Fs=None, window=None, overlap=None,sides=None, scale_by_freq=None, mode=None, scale=None)	Python扩展库matplotlib中的函数，用于计算并绘制数据x的时频图。将数据分割成长为NFFT的片段，计算每个片段的频谱。

1) abs()

abs函数示例代码

函数功能：计算并返回括号中数字的绝对值，用于数据归一化操作。

语法格式：abs(x)。

参数说明：x——数值，可以是整数、浮点数或复数。

返回值：返回括号中数字的绝对值，若参数是一个复数，则返回它的大小。

函数应用示例代码如下：

```
a = -1.23
print(a)     #打印数字
b = abs(a)
print(b)     #求取绝对值之后
```

运行结果如图2.10所示。

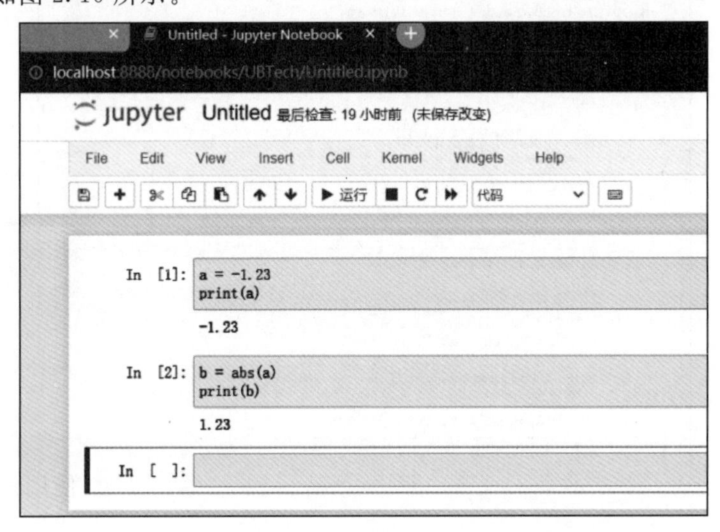

图2.10 绝对值求取函数abs(x)示例运行结果

在本项目中应用的核心代码如下：

```
wave_data = wave_data * 1.0/(max(abs(wave_data)))      # 数据的归一化
```

sorted 函数示例代码

2）sorted()

函数功能：对二维数组进行排序。

语法格式：sorted (iterable, cmp=None, key=None, reverse=False)

参数说明：

- iterable——可迭代对象。
- cmp——比较的函数，这个具有两个参数，参数的值都是从可迭代对象中取出，此函数的返回值所遵守的规则为，大于则返回 1，小于则返回 -1，等于则返回 0。
- key——主要是用来进行比较的元素，只有一个参数，具体的函数的参数就是取自可迭代对象中，指定可迭代对象中的一个元素来进行排序。
- reverse——排序规则，reverse = True 降序，reverse = False 升序（默认）。

返回值：返回重新排序的列表。

函数应用示例代码如下：

```
a = [[6,1,6],[5,3,3],[2,2,9]]      # 待排序数组
print(a)
b = sorted(a,key = lambda x:x[0],reverse = False)      # 以第一位排序，升序（默认）
print(b)
c = sorted(a,key = lambda x:x[1],reverse = False)      # 以第二位排序，升序
print(c)
c = sorted(a,key = lambda x:x[1],reverse = True)      # 以第二位排序，降序
print(c)
```

运行结果如图 2.11 所示。

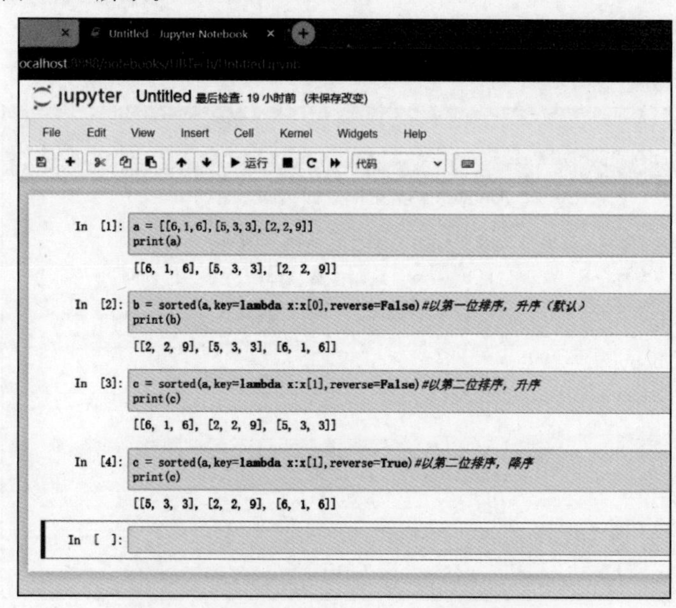

图 2.11　排序函数 sorted()示例运行结果

在本项目中应用的核心代码如下：

```
sortlist = sorted(nfftdict.items(), key = lambda x: x[1])    # 按与当前 framesize 差值升序排列
```

3) specgram()

specgram 函数示例代码解读

函数功能：specgram 函数是 Python 扩展库 matplotlib 绘图模块 pyplot 中的函数，用于绘制频谱图。

语法格式：matplotlib.pyplot.specgram(x, NFFT=None, Fs=None, Fc=None, detrend=None, window=None, noverlap=None, cmap=None, xextent=None, pad_to=None, sides=None, scale_by_freq=None, mode=None, scale=None, vmin=None, vmax=None, *, data=None, **kwargs)。

主要参数说明：

- x——一维数组或序列。
- NFFT——傅里叶变换中每个片段的数据点数(窗长度)，默认为 256。
- Fs——采样频率，默认为 2。
- window——窗函数，长度必须等于 NFFT(帧长)，默认为汉宁窗。
- noverlap——窗之间的重叠长度。默认值是 128。
- xextent——None or (xmin, xmax)图像 x 轴范围。
- sides——{'default', 'onesided', 'twosided'}单边频谱或双边谱。
- scale_by_freq——bool，密度值是否按密度频率缩放，MATLAB 默认为真。
- mode——{'default', 'psd', 'magnitude', 'angle', 'phase'}默认为 PSD 谱。
- scale——{'default', 'linear', 'dB'}频谱纵坐标单位，默认为 dB。

关于其他参数说明，读者可自行查阅 matplotlib 官网。

返回值：

- spectrum——二维阵列，频谱矩阵。
- freqs——一维数组，频谱图中每行对应的频率。
- t——一维数组，频谱图中每列对应的频率。
- im——图像。

函数应用示例代码如下：

```
import numpy as np    # 导入 numpy 库
import matplotlib.pyplot as plt    # 导入 matplotlib 库
a = np.random.randn(3000)    # 生成 3000 个随时数
plt.specgram(a, NFFT = 100, Fs = 1500, noverlap = 50)    # 生成语谱图
plt.show()    # 展示图片
```

运行结果如图 2.12 所示。

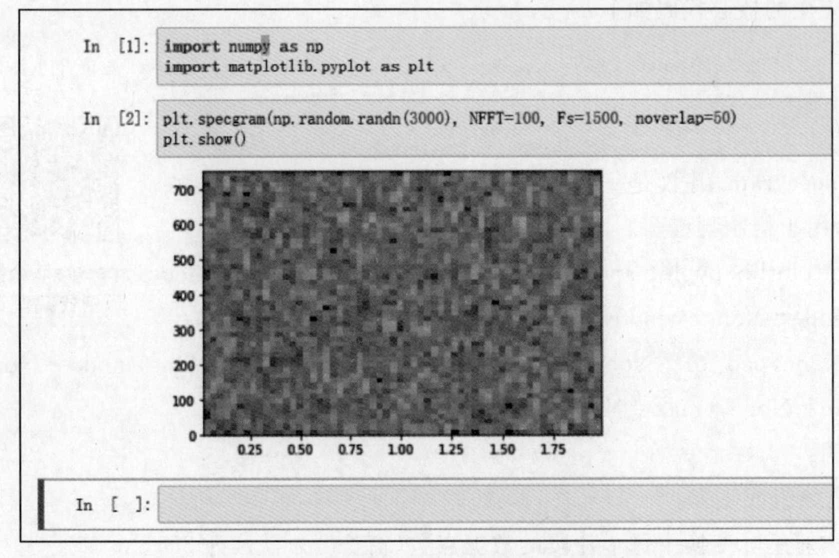

图 2.12　函数 specgram()示例运行结果

汉宁窗介绍

在本项目中应用的核心代码如下：

```
spectrum,freqs,ts,fig = plt.specgram(waveData[0],
                        NFFT = NFFT,          #设置傅里叶变换中每个片段的数据点数
                        Fs = framerate,       #采样频率
                        window = np.hanning(M = framesize),    #采用汉宁窗
                        noverlap = overlapSize,     #窗之间的重叠长度
                        mode = 'default',      #默认为 PSD 谱
                        scale_by_freq = True,     #密度值按密度频率缩放
                        sides = 'default',     #单边频谱或双边谱
                        scale = 'dB',      #频谱纵坐标单位,默认为 dB
                        xextent = None)      #绘制语谱图
```

4）数据归一化操作

归一化操作示例代码

在数据预处理中经常要用到归一化处理，使数据各项指数的尺度达到统一。归一化方法有两种形式，一种是把数转变为(0,1)之间的小数，另一种是把有量纲表达式转变为无量纲表达式，成为纯量。后者常见于微波之中，也就是电路分析、信号系统、电磁波传输等；普通的数据分析通常只讨论归一化到[0,1]之间，但也有归一到[−1,1]之间。

以将大小不同的数组元素转化到取值范围为−1～1 的数字为例，介绍如何使用 Python 实现数据归一化操作。代码如下：

```
import numpy as np      #导入 numpy 库并用简写 np 来代替
waveData = np.array([-5,-4,-3,-2,-1,0,1,2,3,4,5])      #新建 array 数组
print(waveData)
waveData = waveData * 1.0/max(abs(waveData))      #max 函数取最大值,归一化数据
```

```
print(waveData)
```

运行结果如图 2.13 所示。

```
In [1]: import numpy as np
        waveData = np.array([-5,-4,-3,-2,-1,0,1,2,3,4,5])
        print(waveData)

        [-5 -4 -3 -2 -1  0  1  2  3  4  5]

In [2]: waveData = waveData * 1.0/max(abs(waveData))
        print(waveData)

        [-1.  -0.8 -0.6 -0.4 -0.2  0.   0.2  0.4  0.6  0.8  1. ]
```

图 2.13　归一化运行结果

归一化操作在本项目中应用的核心代码如下：

```
wave_data = wave_data * 1.0/(max(abs(wave_data)))      #数据的归一化
```

5）计算每个片段的数据点数(即窗长度)示例

通过寻找最接近值的方式，计算每个片段的数据点数(即窗长度)。代码如下：

计算窗长度示例代码

```
framesize = 1102.5      #设帧的数据量为1102.5
nfftdict = {}
lists = [32,64,128,256,512,1024]      #制作数据列表
for i in lists:      #数据在列表中循环取值
    nfftdict[i] = abs(framesize - i)      #求取绝对值
    print(nfftdict[i])
    print(nfftdict)      #打印字典数据
    sortlist = sorted(nfftdict.items(), key=lambda x: x[1])      #按与当前帧数据量差值升序排列
    print(sortlist)
    #取最接近当前帧数据量的那个2的正整数次方值为新的framesize
    framesize = int(sortlist[0][0])
    print(framesize)
```

运行结果如图 2.14 所示。

由于傅里叶变换中每个片段的数据点数(NFFT)需要为 2 的整数次方，所以将可能的取值列于 list 数据列表中，作为窗长度预设值，其中 lists = [32,64,128,256,512,1024]；framesize 为帧的数据量，即一帧中包含了多少数据点，假设取值为 1102.5；通过将帧的数据量与 list 中的预设值进行差值排序，选择其差值的最小值，即与预设值中最接近的值。

```
In [1]: framesize = 1102.5
        nfftdict = {}
        lists = [32,64,128,256,512,1024] #制作数据列表
        for i in lists: #数据在列表中循环取值
            nfftdict[i] = abs(framesize - i) #求取绝对值
            print(nfftdict[i])

        1070.5
        1038.5
        974.5
        846.5
        590.5
        78.5

In [2]: print(nfftdict)

        {32: 1070.5, 64: 1038.5, 128: 974.5, 256: 846.5, 512: 590.5, 1024: 78.5}

In [3]: sortlist = sorted(nfftdict.items(), key=lambda x: x[1])#按与当前framesize差值升序排列
        print(sortlist)

        [(1024, 78.5), (512, 590.5), (256, 846.5), (128, 974.5), (64, 1038.5), (32, 1070.5)]

In [4]: framesize = int(sortlist[0][0])#取最接近当前framesize的那个2的正整数次方值为新的framesize
        print(framesize)

        1024

In [ ]: |
```

图 2.14　寻找最接近值运行结果

在本项目中应用的核心代码如下：

```
#取最接近当前帧数据量的那个2的正整数次方值为新的数据点数
framesize = int(sortlist[0][0])
```

项目准备

1. 硬件准备

一台便携式人工智能教学平台，硬件版本 1.0 以上。

2. 软件准备

便携式人工智能教学平台软件系统，软件版本 V1.1 以上，Python 3.6.9。

任务 2.1　搭建机器人语音信号的语谱图绘制环境

2.1.1　安装相关的函数库

搭建语谱图绘制环境

绘制语谱图是将语音信息以图像的形式展示出来，需要安装 matplotlib 绘图库。matplotlib 是 Python 的绘图库，可与 numpy 一起使用，提供了一种有效的 MATLAB 开源替代方案。安装过程如下。

【第一步】进入便携式人工智能教学平台桌面，在桌面右击，选择“Open Terminal Here”，在桌面打开终端窗口。

【第二步】使用 Python 3 的包安装及管理工具 pip 安装 matplotlib 库，在终端中输入如

下代码。

```
pip install matplotlib
```

窗口中会显示安装过程并自动寻找开源数据源，完成安装后，会自动显示成功提示。

【第三步】验证库安装是否成功。

使用如下代码导入 matplotlib 库。

```
import matplotlib.pyplot as plt
```

单击上方的运行按钮开始运行程序，若没有报错则 matplotlib 安装正常，如图 2.15 所示。

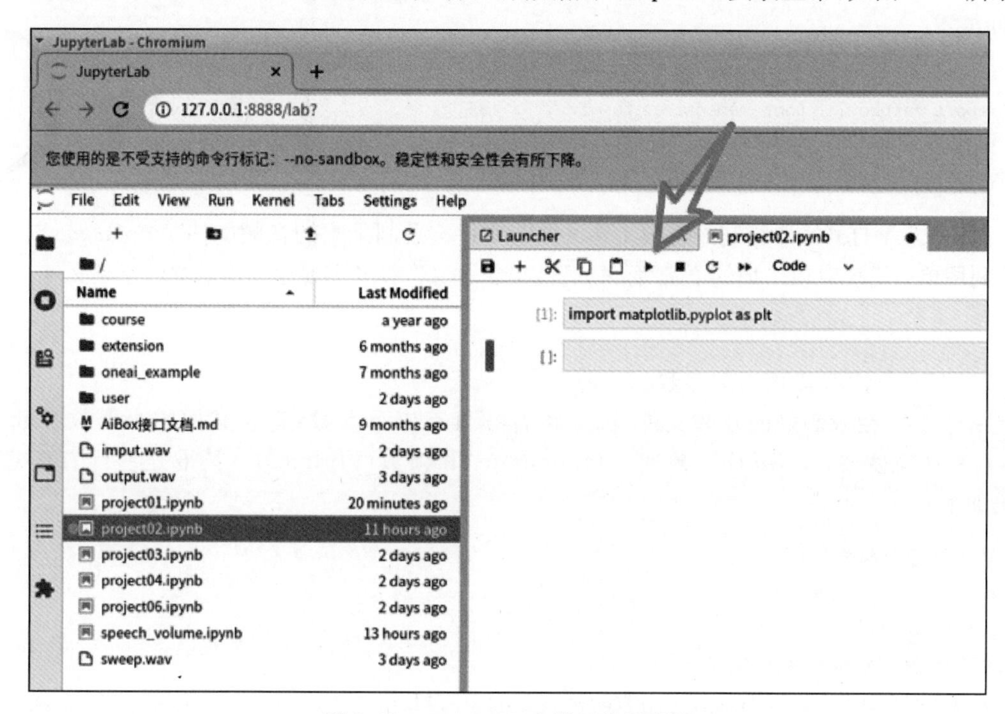

图 2.15 matplotlib 安装正常示意图

(1) 库的安装与项目 1 中的安装方式相同，利用安装工具 pip 实现。

(2) 库的安装过程不用离开该界面，也不用自己下载安装包，而是利用 pip 安装工具。可以通过编写一个代码自动完成安装。

2.1.2 创建语音信号处理源文件

创建语音信号处理源文件，为绘制语谱图打下基础，具体步骤如下。

【第一步】双击桌面的 JupyterLab 打开网页。

【第二步】在左上角单击加号，在弹出的页面中选择 Notebook 目录下的 Python 3，新建一个 Python 3 Notebook，见图 1.17。

【第三步】生成一个空白的待编辑文件，在光标处即可编辑后续程序。

任务 2.2 绘制语谱图

2.2.1 编辑语谱图绘制源代码

绘制语谱图

绘制语谱图，即将语音信号的特征以频率图片的形式展示出来，具体实现步骤如下。

【第一步】导入相关库函数。在 Jupyter 中导入 matplotlib 库、wave 库及 numpy。

```
import matplotlib. pyplot as plt
import matplotlib.font_manager as fm
import wave
import numpy as np
```

【第二步】打开需要绘制的音频文件。提取项目 1 录制采集的音频文件“output. wav”，该文件为利用单通道麦克风采集的语音“你好，智能语音小义”，打开需要绘制语谱图的音频文件。

```
f = wave. open('output. wav','rb')
```

【第三步】读取音频相关参数。

由于是已经录制好的音频文件，因此该音频具有以下参数：音频文件的声道数（nchannels）、采样宽度（sampwidth）、帧速率（framerate）和帧数（nframes）。读取这些配置信息的代码如下：

```
#读取音频相关参数
params = f. getparams()
print(params)
#参数分别为声道，采样宽度，帧速率，帧数
nchannels, sampwidth, framerate,nframes = params[:4]
```

针对资源包中录制好的音频文件，相关参数为：nchannels＝1，表示声道数为 1；sampwidth＝2，表示采样宽度（量化位数）为 2；framerate＝44100，表示帧速率，即采样频率为 44100Hz；nframes＝220160 帧，总帧数。

【第四步】数据类型转换。

从文件中读出的数据为字符串格式，需要转换为 short 类型，其中，nframes 为音频的总帧数；strData 为字符类型的音频数据；waveData 为转换为 short 类型的音频数据，代码如下：

```
#将字符串格式的数据转成 short 类型
strData = f. readframes(nframes)
waveData = np. frombuffer(strData,dtype = np. short)
```

【第五步】数据归一化。

由于录制时声音有大有小，数据单位不统一，需要进行归一化处理，将所有数据缩放于

0～1,以便分析。代码如下：

```
waveData = waveData * 1.0/max(abs(waveData))
```

【第六步】分隔不同声道信息。

目前数据的声道都混在一起,使用读取的声道数量将其声道分开。读取完毕,关闭文件。代码如下：

```
waveData = np.reshape(waveData,[nframes,nchannels]).T     #.T表示转置
f.close()#关闭文件
```

【第七步】计算语音信号的持续时间。

目前数据长度为采样率及帧数的乘积,需要计算其持续时间,单位为s。代码如下：

```
time = np.arange(0,nframes) * (1.0/framerate)     #计算持续时长
time= np.reshape(time,[nframes,1]).T     #数据转置操作
```

数据转置之前是220160行1列的时间戳(每一帧对应的时间点),转置之后为1行220160列的时间序列形式。

【第八步】计算帧的数据量。代码如下：

```
framelength = 0.025     #设定帧长度,通常帧长为20～30ms
framesize = framelength*framerate     #计算帧的数据量=设定的帧长度*读取的帧速率
```

计算结果为计算帧的数据量=25ms×44100个数据 = 25ms的数据量 = 1102.5。

【第九步】计算每个片段的数据点数(即窗长度)NFFT。

窗长度通常为256或512,同时NFFT最好取2的整数次方(即帧的数据量framesize最好取2的整数次方),综合考虑两方面的要求,采用循环方式,寻找与2的倍数差的最小值,作为每个片段的数据点数(即窗长度)NFFT。代码如下：

```
fftdict = {}
lists = [32,64,128,256,512,1024]     #制作数据列表
for i in lists:     #数据在列表中循环取值
    nfftdict[i] = abs(framesize - i)     #求取绝对值
#按与当前framesize差值升序排列
sortlist = sorted(nfftdict.items(), key=lambda x: x[1])
#取最接近当前framesize的那个2的正整数次方值为新的framesize
framesize = int(sortlist[0][0])
NFFT = framesize     #NFFT必须与时域的点数framsize相等
```

【第十步】设定重叠部分。

重叠部分采样点数overlapSize为每帧点数的1/3～1/2,并通过取整操作获得。代码如下：

```
overlapSize = 1.0/3 * framesize     #重叠部分采样点数overlapSize为每帧点数的1/3～1/2
```

```
overlapSize = int(round(overlapSize))      #取整
```

说明

因为第九步计算结果为 framesize = 1024,则 overlaspSize = 1.0/3×1024 = 341.333,取整后得 overlaspSize = 341。

2.2.2 调试运行语谱图绘制源代码

调试运行语谱图绘制源代码,具体步骤如下。

【第一步】绘制原始波形,代码如下:

```
fontpath = r'/home/aidlux/jupyter_projects/voice/AR PL UMing CN.ttf'fm.fontManager.addfont(font-
        path)
plt.rc("font",family = 'AR PL UMing CN')      #支持显示中文
plt.rcParams['axes.unicode_minus'] = False     #支持显示符号
plt.figure()     #打开一个绘图
plt.subplot(3,1,1)     #设置绘图位置
plt.plot(time[0,:nframes],waveData[0,:nframes],c = "b")     #将原始模型进行绘制,横轴为时间
plt.xlabel("时间(秒)")     #设置横轴坐标显示文字
plt.ylabel("振幅")     #设置纵轴坐标显示文字
plt.title("原始音频")     #设置图形标题
```

【第二步】生成语谱图。

使用绘制语谱图函数 plt.specgram(),以横轴为时间,纵轴为频率,用颜色表示幅值。在一幅图中表示信号的频率、幅度随时间的变化。绘制语谱图所需重要的参数在上文中已经计算完毕,代入 plt.specgram 函数中。

其中,waveData[0] 代表音频数据的第一个声道数据;NFFT 代表每个片段的数据点数(窗长度);Fs 为采样频率;window 代表加窗函数,用于突出中间频率的音频;noverlap 为重叠部分采样点数;mode 代表使用频谱的类型,这里使用默认频谱;scale_by_freq 代表结果密度值是否应按缩放频率缩放,这里选择是;sides 代表选择返回频谱的哪一边,这里选择默认;scale 代表规范中值的缩放方式;xextent 代表沿 x 轴的图形范围,这里选择 None,不做限制。代码如下:

```
plt.subplot(3,1,3)
spectrum,freqs,ts,fig = plt.specgram(waveData[0],
                                     NFFT = NFFT,
                                     Fs = framerate,
                                     #采用的是汉宁窗
                                     window = np.hanning(M = framesize),
                                     noverlap = overlapSize,
                                     mode = 'default',
                                     scale_by_freq = True,
                                     sides = 'default',
```

```
                scale = 'dB',
                xextent = None)      #绘制语谱图
```

【第三步】完成坐标轴显示设置。

设置横纵坐标标签，完成绘制函数，代码如下：

```
plt.ylabel('频率(赫兹)')      #设置纵轴坐标显示文字
plt.xlabel('时间(秒)')      #设置横轴坐标显示文字
plt.title("语谱图")      #设置文件名显示文字
plt.show()
```

运行的结果图如 2.16 所示，绘制的语谱图如图 2.17 所示。由图 2.17 可见，在时间轴上可以明显地看出语音的能量峰，整个频率在 10000Hz 以内。如果换成女声，整个黄绿色的部分频率会更高，从图 2.17 上看就是黄绿色的彩带纵轴方向上更高。

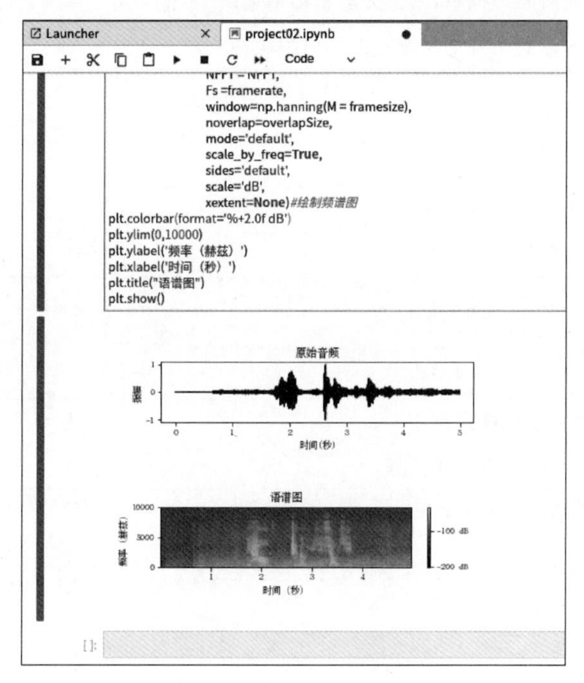

图 2.16 程序运行效果

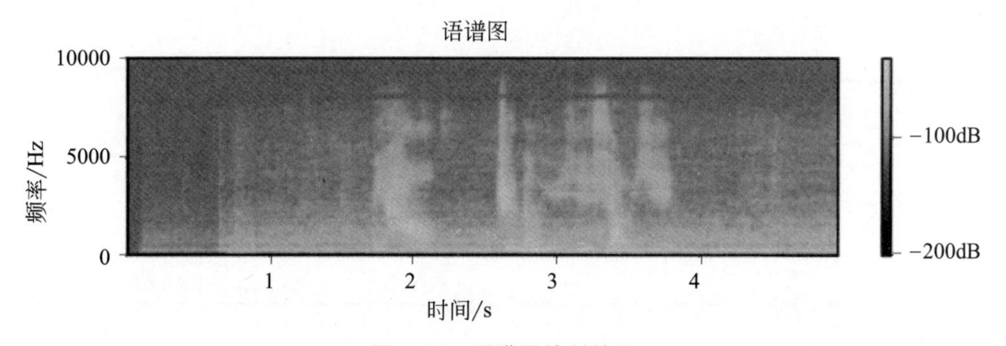

图 2.17 语谱图绘制结果

项目评价

完成本项目中的学习任务后，请对学习过程和结果的质量进行评价和总结，并填写评价反馈表。自我评价由学习者本人填写，小组评价由组长填写，教师评价由任课教师填写。

班级		姓名		学号		日期			
自我评价	1. 是否能正确安装开源绘图库 matplotlib						□是	□否	
	2. 是否能导入给定的 WAV 格式音频文件						□是	□否	
	3. 是否能完成帧数据量的计算和重叠部分采样点数计算						□是	□否	
	4. 是否能够绘制时间为横轴，幅值为纵轴的原始语音波形图						□是	□否	
	5. 是否能够绘制时间为横轴，频率为纵轴的语谱图						□是	□否	
	6. 在完成任务时遇到了哪些问题？是如何解决的								
	7. 是否能独立完成工作页的填写						□是	□否	
	8. 是否能按时上、下课，着装规范						□是	□否	
	9. 学习效果自评等级					□优	□良	□中	□差
	总结与反思：								
小组评价	10. 在小组讨论中能积极发言					□优	□良	□中	□差
	11. 能积极配合小组完成工作任务					□优	□良	□中	□差
	12. 在查找资料信息中的表现					□优	□良	□中	□差
	13. 能够清晰表达自己的观点					□优	□良	□中	□差
	14. 安全意识与规范意识					□优	□良	□中	□差
	15. 遵守课堂纪律					□优	□良	□中	□差
	16. 积极参与汇报展示					□优	□良	□中	□差
教师评价	综合评价等级： 评语： 教师签名：　　　　日期：								

项目拓展

同组成员选两名同学，分别录制“你好，智能语音小义”，并将不同同学录制的WAV语音绘制为语谱图，进行对比，看看有什么不同。

项目小结

通过本项目的学习，读者掌握绘制语谱图的方法，可以用图像的方式观察语音信号，且能用可视图的方式感受语音信号的不同。对语音信号的特点及分析方法有了更深入的了解和掌握。

习　题

一、填空题

1. 在语音信号特征提取之前进行的加工完善准备工作称为________。

2. 研究语音的时频分析特性所采用的与时序相关的傅里叶分析的显示图形称为________。

3. 语谱图是一种________频谱，它是表示语音频谱随时间变化的图形，是________和________的组合。

4. 语谱图的灰度图用________代表语音信号的强弱，________代表语音信号越强，________代表语音信号越弱。彩色图用________代表语音信号的强弱，用________代表语音信号强，用________代表语音信号弱。

5. 语谱图可以用图像的方式形象地展示________的能量分布。

二、选择题

1. 语谱图中(　　)。

   A. 横轴为声强；纵轴为频率　　B. 横轴为频率；纵轴为时间

   C. 横轴为时间；纵轴为频率　　D. 横轴为声压；纵轴为频率

2. 研究一段时间内的语音的变换，尤其是频率的变化，需要使用(　　)。

   A. 频响图　　B. 增益图

   C. 语谱图　　D. 频谱图

3. (　　)可以表示出语音声波的时间、频率及强度的信息。

   A. 频响图　　B. 增益图

   C. 语谱图　　D. 频谱图

4. 语谱图可以(　　)。

①验证说话人性别；②获取说话人的情感波动状态；③帮助汉语方言自动分区研究；

④帮助获取入侵目标的情报；⑤区分不同心脏疾病类型

A. ①③　　B. ①③④

C. ①②③　　D. ①②③④⑤

5. 绘制语谱图需要(　　)。

①音频数据；②分帧后每个片段数据点的窗长度；③采样频率；④加窗函数

A. ①③　　B. ①④

C. ①③④　　D. ①②③④

三、判断题

1. 频谱图只能展示频率信息,无法显示时间信息。(　　)

2. 语谱图是反映语音信号动态频谱特性的时频图,是一种“可视语言”。(　　)

3. 语谱图可以用来区分不同的说话人、不同的语种、不同的音色、不同的情感等说话人的关键信息。(　　)

4. 语谱图和频谱图的区别,是频谱图把语谱图中的时间维度去掉了。(　　)

5. 语谱图不但可以识别人类发出说话的声音,还可以识别野外运动的车辆鸣声。(　　)

四、简答题

1. 预处理的目的是什么？常见的预处理方法有哪些？

2. 为什么采用语谱图来表征语音信号？画出绘制语谱图的流程图。

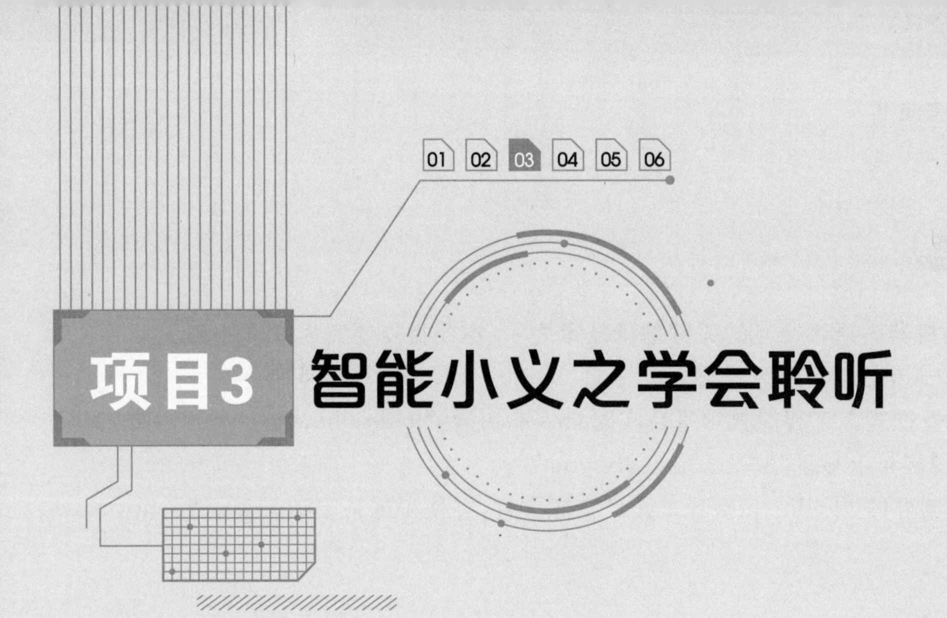

项目3 智能小义之学会聆听

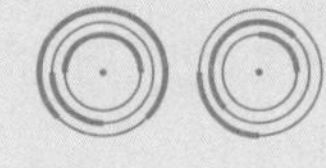

项目导入

随着AI技术的迅速发展，日常生活中AI的应用也越来越广泛。智能语音技术已不知不觉融入人们的日常生活中。从亚马逊的Echo到微软的Cortana，从苹果的语音助手Siri到谷歌的Assistant，等等，语音识别技术的广泛应用让生活便利了很多。如图3.1所示，机器人正通过智能语音解答问题。本项目中，将以“让机器人学会倾听”任务为载体，介绍经典的开源语音识别程序——CMU（Carnegie Mellon University，卡内基梅隆大学）的PocketSphinx使用方法，从而理解语音识别的基本知识。

图3.1　服务机器人Cruzr的应用场景

项目任务

语音识别是机器人语音交互的关键基础技术之一，本项目需要完成以下任务。

(1) 完成 pocketsphinx 库的安装。

(2) 现场用便携式人工智能教学平台实时录入一句话："hello，how are you"，观察实时识别的结果，使得屏幕上显示"hello，how are you"。

(3) 读取录制好的"hello，how are you"音频文件，并使得屏幕上识别显示"hello，how are you"。

学习目标

1. 知识目标

- 掌握语音识别的概念。
- 理解语音识别的原理和方法。
- 理解语音识别模块中声学模型、语言模型和语音字典的概念。
- 理解开源语音识别工具包 pocketsphinx 的原理。

2. 能力目标

- 能够安装开源语音识别工具包 pocketsphinx。
- 能够通过创建文本文件得到语言模型。
- 能够运行 pocketsphinx 对语音进行识别，并查看识别结果。

知识链接

1. 语音识别技术

1) 语音识别技术的概念

认识语音识别

语音识别就是让智能设备听懂人类的语言，即让计算机把人发出的有意义的话语变成书面语言。这种将语音转换为文字的过程，称为语音识别，也称为自动语音识别(automatic speech recognition，ASR)。

语音识别好比"机器的听觉系统"，其目的就是赋予机器听觉特性，能将听到的语音信号转变为相应的文本或命令。如图 3.2 所示，商场中和机器人的咨询对话应用场景就用到了语音识别技术。目前大多数语音识别技术是基于统计模式的，从语音产生机理来看，语音识别可以分为语音层和语言层两部分。根据识别的对象不同，语音识别任务大体可分为孤立词识别、连续语音识别和关键词识别三类。

图 3.2 语音识别场景

2）语音识别的基本原理

语音识别本质就是将一段语音信号转换成相对应的文本信息，它是一种基于语音特征参数的模式识别，主要包含语音信号预处理、特征提取、模型库和模式匹配四部分。语音识别原理框图如图 3.3 所示。

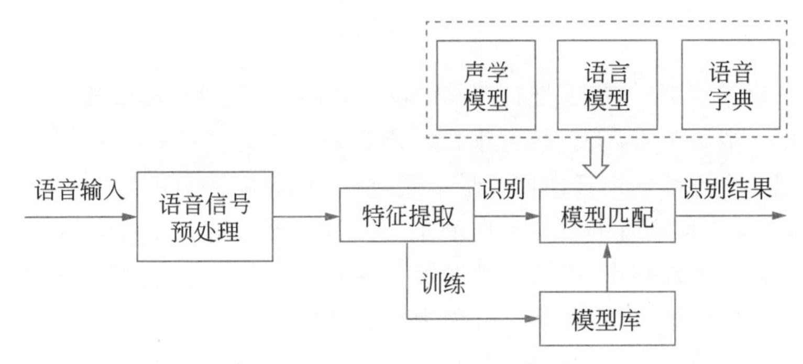

图 3.3 语音识别原理

语音识别的
基本原理

为了更有效地提取特征，还需要对所采集到的声音信号进行滤波、分帧等预处理操作，把要分析的信号从原始信号中提取出来；特征提取工作将声音信号从时域转换到频域，把每一帧波形变成一个包含声音信息的多维向量；模型匹配要用到的参考模板通过模型训练获得，模型训练就是按照一定的准则，从大量已知模式中获取表征该模式本质特征的模型参数；模式匹配就是根据一定的准则，使未知模式与模型库中莫格模型获得最佳匹配的过程；在声学模型中就是根据声学特性计算每一个特征向量在声学特征上的得分；而语言模型则根据语言学相关的理论，计算该声音信号对应的可能词组序列的概率；最后根据已有的字典，对词组序列进行解码，得到最后可能的文本表示。详细知识介绍可扫码学习。

3）语音识别技术工作原理

语音识别技术的工作原理包括帧识别转换成状态信息、状态信息组合成音素和音素组合成单词。

声音的本质实际是一种声波。人们手机中声音与歌曲的常见存储方式(例如 MP3 格式)都是声音的压缩格式,但是应用的时候必须将其转化成非压缩的纯波形格式文件来处理,例如 PCM 格式的文件,即 WAV 文件。WAV 文件中存储的是一个文件头和声音波形信息,图 3.4 是声音波形的一个例子。

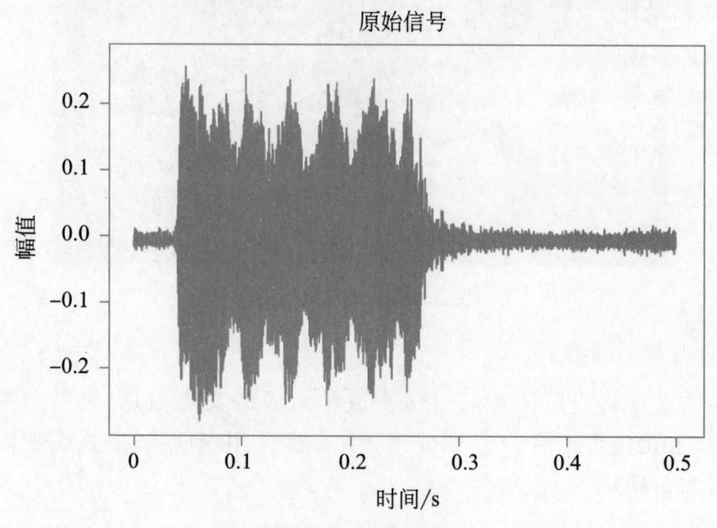

图 3.4　声音的波形

在开始进行语音识别时,需要把首尾端的静音切除,降低对后续步骤造成的干扰。这个静音切除的操作一般称为 VAD。接下来在对声音分析的时候,需要对声音分帧,这里可以通俗地理解为把一个连续的声音切成若干小段,每一小段就是一帧。

在分帧后,由于小段语音的波形在时域上基本没什么描述意义,因此,需要将语音波形进行转换。根据人耳生理特点,把每一帧波形转换成一个多维向量,即这个多维向量中包含了这一帧语音的内容信息,这个转换过程称为声学特征提取。

假设提取的声学特征是 12 维、N 列的一个信息数据矩阵,称为观察序列,其中 N 为总帧数。该观察序列如图 3.5 所示,图中每一帧都用一个 12 维的向量表示,色块的颜色深浅表示向量值的大小。

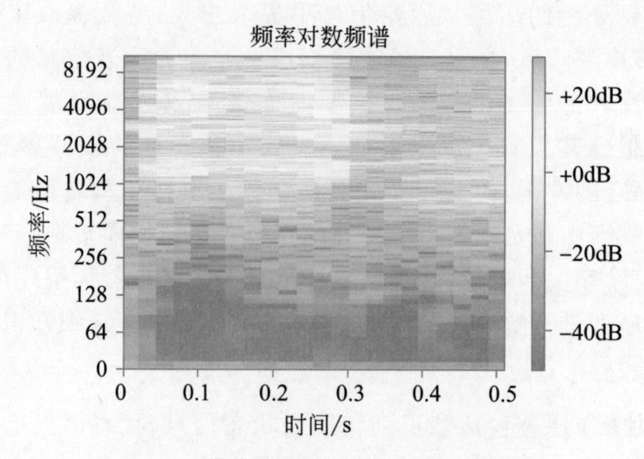

图 3.5　语音声学特征观察序列示意图

接下来看看这些观察序列是如何转换成文本信息输出的。如图 3.6 所示，首先介绍两个概念。

(1) 音素：就是单词的发音，汉语直接用声母和韵母作为声音模型的音素集，英语用的是卡内基梅隆大学 39 音素的音素集。

(2) 状态：状态是比音素更小的语音单位。一般情况下，一个音素包含 3 个状态。而语音文本解析过程就是将帧识别转换成状态信息点，再将状态组合成音素，最后将音素组合成单词。

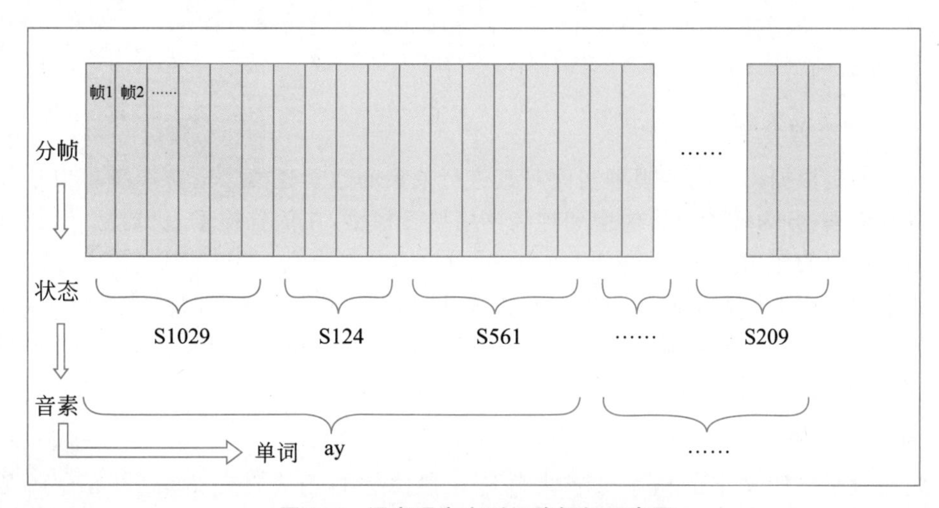

图 3.6 语音观察序列矩阵解析示意图

综上所述，语音识别技术的工作原理可总结为：帧识别转换成状态信息；状态信息组合成音素；音素组合成单词。

2. 声学模型

1) 声学模型的概念

声学模型是语音识别模型中用来识别声音的模型，是语音识别系统的重要组成部分，它决定了语音识别中大部分的计算开销与语音识别系统的性能。

声学模型是根据训练语音库的特征参数训练出的结果，在识别时可以将待识别语音的特征参数和声学模型进行匹配，得到识别结果。目前的主流语音识别系统多采用隐马尔可夫模型(Hidden Markov Model，HMM)进行声学模型建模。语音识别本质上是一个模式识别的过程，而模式识别的核心是分类器和分类决策的问题。

2) 统计声学模型

在深度学习兴起前，传统的统计参数模型是主流的声学模型，一般具有比较简单的假设，无论从理论上还是公式上都能给出非常完整的解释和推导，便于人们的理解。传统的统计模型包括混合高斯模型、联合概率密度混合高斯模型和隐马尔可夫模型。详细知识介绍可扫码学习。

统计声学模型

3) 神经网络统计模型

神经网络统计模型与传统的统计模型不同。传统的统计模型的假设比较简单，模型处理

神经网络统计模型

非线性变换的能力比较弱。如果传统的统计模型引入一些强假设,虽然能让模型计算更方便,但是这些假设可能是不合理的。例如,在 HMM 中,马尔可夫链假设的随机过程,即当前状态只和之前一个时刻的状态存在关系,这种无记忆性并不符合真实的物理世界。

神经网络模型的基本思路是:一个神经元的计算可能简单到只对数据进行一次非线性变换,但各个神经元之间,通过网络结构相互连接之后可以构成非常复杂的计算过程。因此神经网络模型对真实的数据具有强大的建模能力。详细知识介绍可扫码学习。

3. 语言模型

1) 语言模型的含义

语言模型是根据语言的客观事实而对其进行抽象的数学建模。语言模型可以估计一段文本出现的概率,分为统计语言模型和神经网络语言模型,在信息检索、机器翻译、语音识别等方面起着重要的作用。

语言模型是用来约束单词搜索的。它主要用于决定哪个词序列的可能性更大,或者在出现了几个词的情况下预测即将出现的下一个词语内容。好的语言模型不仅能够提高解码效率,还能在一定程度上提高识别率。

2) 统计语言模型

统计语言模型

可以通过某一段文字的概率分布来判断该段文字是否为自然语言。在语言模型当中,由于词是按顺序的排列,可以通过判断词的排列顺序是否正确来看给定的词是否是一句合理的自然语言。详细知识介绍可扫码学习。

3) 神经网络语言模型

神经网络语言模型

神经网络语言模型包括前馈神经网络模型和循环神经网络模型。前馈神经网络也称深度前馈网络或者多层感知机,它是最基础的深度学习模型。前馈神经网络模型在计算时利用全连接的神经网络模型来估计给定的上文情况,并计算某个单词出现的概率。前馈神经网络之所以称作前馈,是因为信息从输入到输出是单向流动的。循环神经网络的结构能利用文字的上下文序列关系进行文字建模。例如,通过一段语音"我最近要去美国出差,想顺便买点东西,因此需要兑换______",其中下画线"______"为需要推理构建的未知词汇。通过前文的"兑换"和"买"知道需要的是一种货币,通过"美国"知道这个货币需要的是"美元",于是,通过循环神经网络能回溯到前两个分句的内容,形成对"美元""买""兑换"等上下文的记忆。详细知识介绍可扫码学习。

4. 语音词典

1) 语音词典的概念

语音词典包含了从单词(words)到音素(phoneme)之间的映射,作用是连接声学模型和语言模型。语音词典在语音识别过程中的位置如图 3.7 所示。

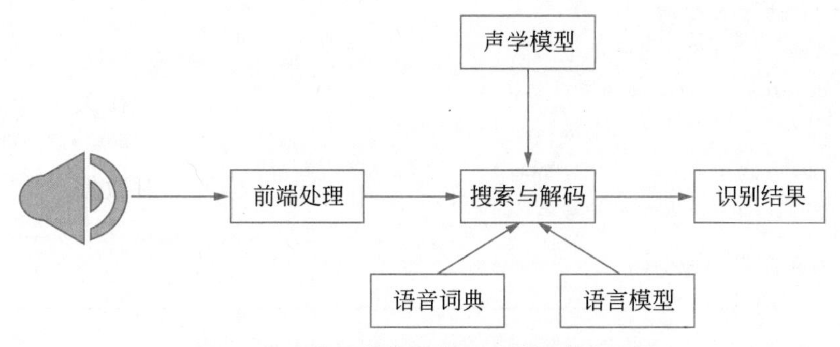

图 3.7　语音词典在语言识别过程中的位置

语音词典是包含系统所能处理的单词的集合，并标明了每个单词的发音。通过语音词典得到声学模型的建模单元及其相互之间的映射关系，从而把声学模型和语言模型连接起来，组成一个搜索的状态空间，用于解码器进行解码工作。

2）词典生成过程

(1) 拼音一音素的映射。需要确定拼音到音素的转换规则/映射关系。可以有不同的映射关系，如汉字一的拼音"yi1"可以对应"ii i1"，也可以对应"y i1"(前者是清华语音识别使用的规则)不同的映射关系会产生不同的识别效果。

(2) 中文词一拼音的映射。需要列出尽可能多的中文词及其对应的拼音，有多音字的可列出其不同组合。如汉字"单"，可以对应拼音"dān""shàn""chán"，组成的词不同，对应的拼音也不同。

(3) G2P 工具实现。通过以上两个步骤即可实现中文词一音素的转换，也就是 G2P (grapheme-to-phoneme conversion)。

(4) 收集中文词。发音词典需要覆盖尽可能多的中文词一音素。可以通过构建语言模型方法、训练模型与评估模型，将分词后的文本语料统计为各单词及其词频，去掉低频词与过长的词，得到中文词表。

(5) 生成词典。将中文词表作为输入，通过第(3)步生成的 G2P 工具即可得到相应的词一音素的映射，也就是发音词典。

5. Python 在语音识别中的应用

使用 Python 调用 CMU Sphinx 开源语音识别工具包 pocketsphinx 库，所用到的关键函数功能说明如下。

```
os.path.join()
```

函数功能：连接两个或更多的路径名组件，如果各组件名首字母不包含"/"，则函数会自动加上。

语法格式：os.path.join(path1,path2, *)。

参数说明：

- path1——初始路径。
- path2——需要拼接在其后的路径；可以有多个需要拼接的参数，依次拼接。

函数应用示例代码如下：

```
import os    #导入os库
Path1 = 'home'    #定义第一个路径名
Path2 = 'develop'    #定义第二个路径名
Path3 = 'code'    #定义第三个路径名
path = os.path.join(Path1,Path2,Path3)    #拼接路径名
print(path)    #屏幕显示拼接效果
```

运行结果如图3.8所示。

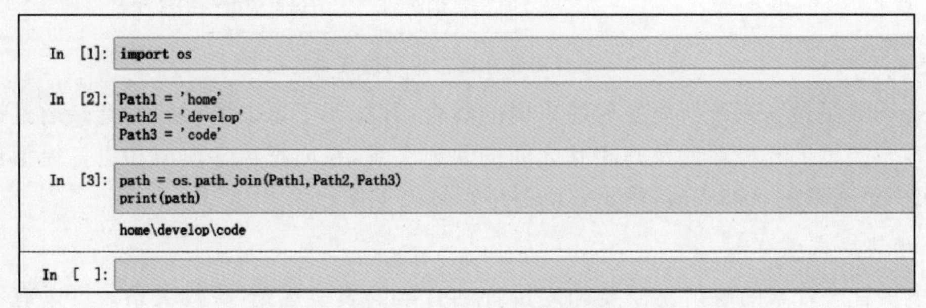

```
In [1]: import os

In [2]: Path1 = 'home'
        Path2 = 'develop'
        Path3 = 'code'

In [3]: path = os.path.join(Path1,Path2,Path3)
        print(path)

        home\develop\code

In [ ]:
```

图3.8　函数os.path.join()示例运行结果

在本项目中应用的核心代码如下：

```
'hmm': os.path.join(model_path, 'en-us'),    #声学模型路径
```

项目准备

1. 硬件准备

- 一台便携式人工智能教学平台，硬件版本1.0以上。
- 一个音频采集装置(麦克风)。

2. 软件准备

便携式人工智能教学平台软件系统，软件版本V1.1以上，Python 3.6.9。

任务3.1　搭建机器人智能语音转文本环境

3.1.1　pocketsphinx库的安装

搭建智能语音转文本环境

pocketsphinx是用于语音识别的CMU Sphinx开源工具包的一部分，使用SWIG和setuptools创建，所以在安装pocketsphinx库之前需要先安装SWIG。SWIG是一种软件开发工具，它将C和C++编写的程序与各种高级编程序语言连接起来，有了这个SWIG才能在Python里面调用pocketsphinx。安装过程如下。

【第一步】进入便携式人工智能教学平台桌面，在桌面右击选择“Open Terminal Here”，打开终端窗口。

【第二步】获取更新的软件包的索引源。

运行如下代码,更新同步源的软件包的索引系信息,从而进行软件更新。

```
sudo apt-get update      # 更新软件包的索引源
```

因为使用了管理员权限,需要输入密码,默认密码为“ubtech”,apt-get 更新会从库中更新索引,因为某些原因有些网站无法访问,也不影响使用。

运行结果如图 3.9 所示。

```
oneai@oneai-desktop:~/Desktop$ sudo apt-get update
[sudo] oneai 的密码:
获取:1 file:/var/cuda-repo-10-0-local-10.0.326  InRelease
忽略:1 file:/var/cuda-repo-10-0-local-10.0.326  InRelease
获取:2 file:/var/visionworks-repo  InRelease
忽略:2 file:/var/visionworks-repo  InRelease
获取:3 file:/var/visionworks-sfm-repo  InRelease
忽略:3 file:/var/visionworks-sfm-repo  InRelease
获取:4 file:/var/visionworks-tracking-repo  InRelease
忽略:4 file:/var/visionworks-tracking-repo  InRelease
获取:5 file:/var/cuda-repo-10-0-local-10.0.326  Release [574 B]
获取:5 file:/var/cuda-repo-10-0-local-10.0.326  Release [574 B]
获取:6 file:/var/visionworks-repo  Release [1,999 B]
获取:6 file:/var/visionworks-repo  Release [1,999 B]
获取:7 file:/var/visionworks-sfm-repo  Release [2,003 B]
获取:8 file:/var/visionworks-tracking-repo  Release [2,008 B]
获取:7 file:/var/visionworks-sfm-repo  Release [2,003 B]
获取:8 file:/var/visionworks-tracking-repo  Release [2,008 B]
命中:11 http://ppa.launchpad.net/xubuntu-dev/staging/ubuntu bionic InRelease
错误:14 https://packagecloud.io/headmelted/codebuilds/debian stretch InRelease
  401  Unauthorized [IP: 52.8.129.94 443]
```

图 3.9 apt-get 更新结果

【第三步】安装 SWIG 软件。

等待 apt-get 更新完毕,使用 apt-get 安装 SWIG 软件,在终端中继续输入如下代码。

```
sudo apt - get install swig      # 安装 SWIG 软件
```

运行结果如图 3.10 所示。

【第四步】SWIG 安装检验。

安装完毕,再次输入如下代码,可以检测安装是否成功。

```
swig -version      # 检查 SWIG 版本号,检测安装是否成功
```

若能够成功打印出版本号,即说明安装成功,运行结果如图 3.11 所示。

【第五步】pocketsphinx 库安装。

安装成功 SWIG 后,就可以使用 pip 工具安装 pocketsphinx,在终端输入如下代码。

```
pip install pocketsphinx      # 安装 pocketsphinx 库
```

运行结果如图 3.12 所示。

```
oneai@oneai-desktop:~/Desktop$ sudo apt-get install swig
正在读取软件包列表... 完成
正在分析软件包的依赖关系树
正在读取状态信息... 完成
将会同时安装下列软件：
  swig3.0
建议安装：
  swig-doc swig-examples swig3.0-examples swig3.0-doc
下列【新】软件包将被安装：
  swig swig3.0
升级了 0 个软件包，新安装了 2 个软件包，要卸载 0 个软件包，有 322 个软件包
未被升级。
需要下载 1,020 kB 的归档。
解压缩后会消耗 5,745 kB 的额外空间。
您希望继续执行吗？ [Y/n] y
获取:1 http://mirrors.tuna.tsinghua.edu.cn/ubuntu-ports bionic/universe ar
m64 swig3.0 arm64 3.0.12-1 [1,013 kB]
获取:2 http://mirrors.tuna.tsinghua.edu.cn/ubuntu-ports bionic/universe ar
m64 swig arm64 3.0.12-1 [6,460 B]
已下载 1,020 kB，耗时 1s(997 kB/s)
debconf: 因为并未安装 apt-utils，所以软件包的设定过程将被推迟
正在选中未选择的软件包 swig3.0。
(正在读取数据库 ... 系统当前共安装有 199642 个文件和目录。)
```

图 3.10　SWIG 软件安装结果

```
oneai@oneai-desktop:~/Desktop$ swig -version

SWIG Version 3.0.12

Compiled with g++ [aarch64-unknown-linux-gnu]

Configured options: +pcre

Please see http://www.swig.org for reporting bugs and further information
oneai@oneai-desktop:~/Desktop$
```

图 3.11　安装版本查询结果

```
oneai@oneai-desktop:~/Desktop$ pip3 install pocketsphinx
Defaulting to user installation because normal site-packages is not writea
ble
Looking in indexes: http://pypi.douban.com/simple #豆瓣源，可以换成其他的
源，https://pypi.tuna.tsinghua.edu.cn/simple
Collecting pocketsphinx
  Using cached pocketsphinx-0.1.15-cp36-cp36m-linux_aarch64.whl
Installing collected packages: pocketsphinx
Successfully installed pocketsphinx-0.1.15
oneai@oneai-desktop:~/Desktop$
```

图 3.12　pocketsphinx 库安装结果

【第六步】pocketsphinx 库安装检验。

安装完毕在桌面打开 Jupyter Lab，使用如下代码导入 pocketsphinx。

```
from pocketsphinx import AudioFile
```

单击上方的运行按钮开始运行程序，若没有报错则 pocketsphinx 安装正常，运行结果如图 3.13 所示。

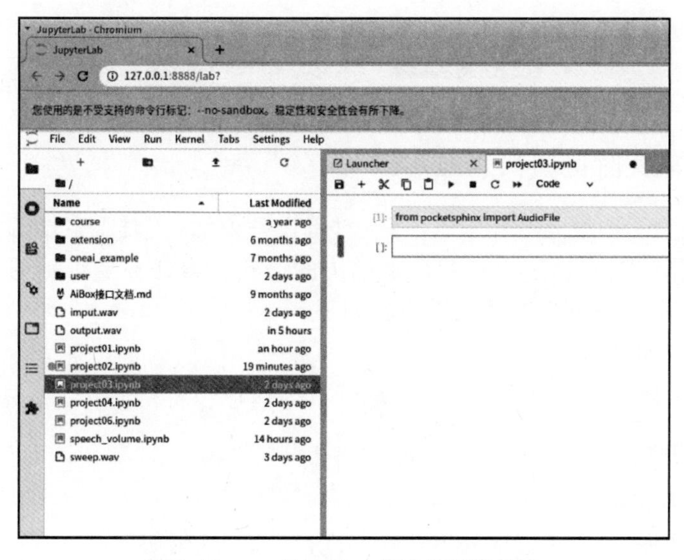

图 3.13 pocketsphinx 库安装正常结果

3.1.2 创建语音转文字源文件

每次执行语音信号处理编程任务时，都需要单独建立源文件，具体步骤如下。

【第一步】双击桌面的 JupyterLab 打开网页。

【第二步】在左上角单击加号，在弹出的页面中选择 Notebook 目录下的 Python 3，新建一个 Python 3 Notebook，如图 1.17 所示。

【第三步】生成一个空白的待编辑文件“语音转文本源文件 .ipynb”，如图 3.14 所示，在光标处即可编辑后续程序。

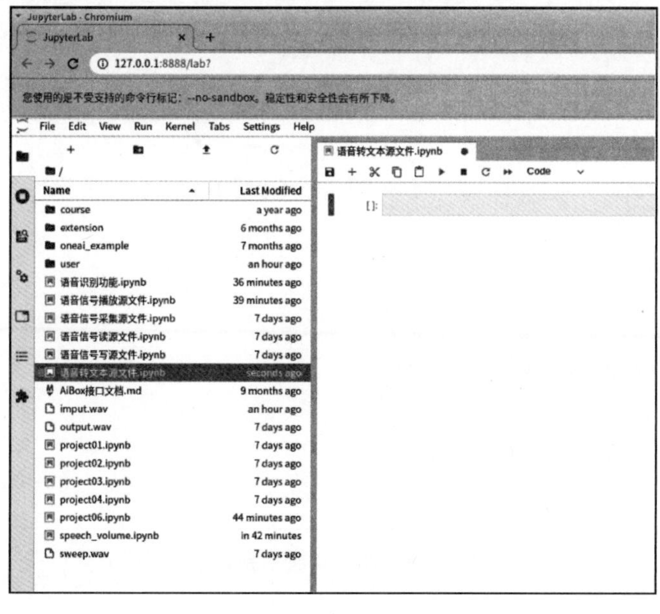

图 3.14 空白待编辑程序

任务 3.2 实时语音识别

3.2.1 编辑实时语音识别源代码

所谓实时语音识别，就是现场录入语音，对着设备说话，实时观察设备的识别效果是否能够正确识别出对着设备说出的语句。本任务要识别的语音为“hello, how are you”，具体实现步骤如下。

实现实时语音识别

【第一步】导入相关函数包。

导入函数包可以保证后续程序的顺利运行，代码如下：

```
from pocketsphinx import LiveSpeech      #导入函数包
```

【第二步】循环读取。

编写循环结构程序，持续读取外界声音并进行识别，代码如下：

```
for phrase in LiveSpeech():      #循环读取外界声音
            print(phrase)
```

3.2.2 调试运行实时语音识别源代码

运行上述代码，使用者即可对便携式人工智能教学平台的麦克风说“hello, how are you”，进而观察程序输出识别的文字结果。程序采用的是循环识别的方式，语音输入不限时，可以一直对着设备说话。实时语音识别结果如图 3.15 所示。

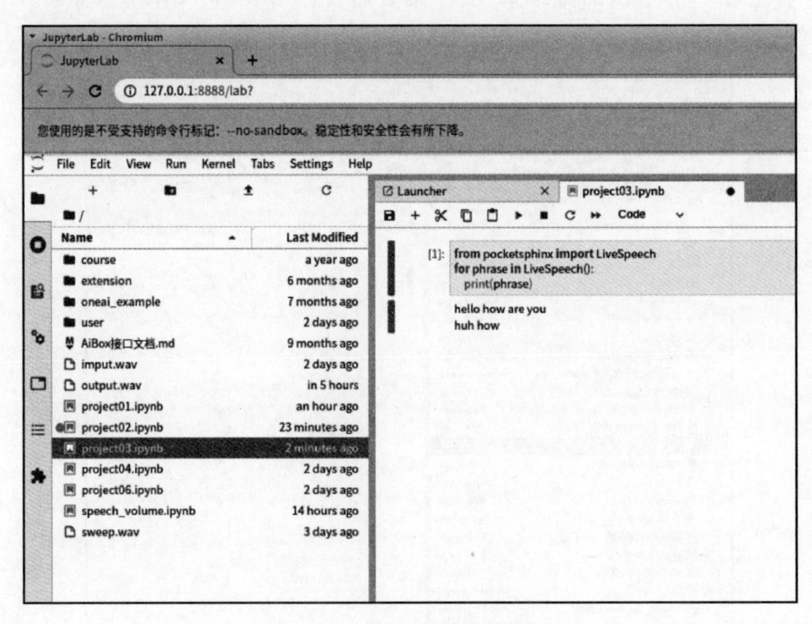

图 3.15 实时语音识别结果

完成实时语音识别后，通过单击界面上的程序结束按钮（工具栏内的结束按钮）结束实时语音识别，运行结果如图 3.16 所示。

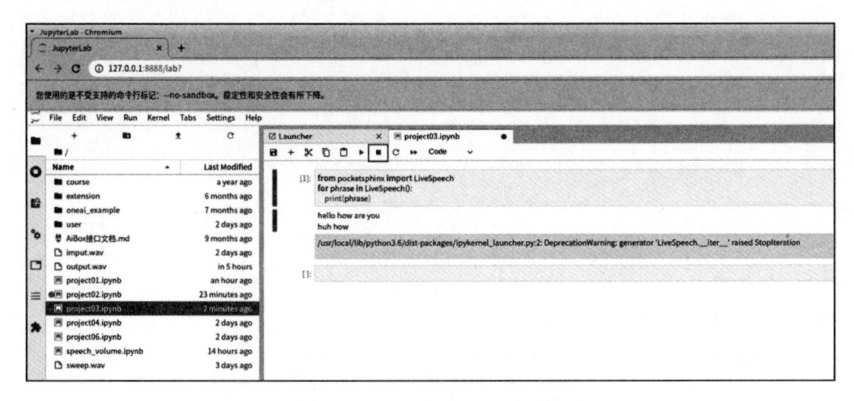

图 3.16　结束实时语音识别

任务 3.3　音频文件语音识别

3.3.1　编辑音频文件语音识别源代码

本任务为读取 WAV 格式的音频文件，并将其转化为文字。具体实现步骤如下。

音频文件语音识别转文本

【第一步】录制音频文件。

应用项目 1 中所学内容，录制一段"hello, how are you"音频文件，保存作为识别的音频文件，格式为 .wav 文件，代码如下：

```
#导入相关库函数
import pyaudio
import wave
import numpy as np
import matplotlib.pyplot as plt
#===================录音==================
chunk = 1024    #设置采样缓冲区宽度
sample_format = pyaudio.paInt16    #设计单次采样大小为 16bit
channels = 2    #设置声道数为 2,即双声道
fs = 44100    #设置采样频率为 44100Hz
seconds = 5    #设置采样时长
filename = "output.wav"    #设置录音文件文件名
p = pyaudio.PyAudio()    #新建一个 PortAudio 对象
print('Recording')    #屏幕输出
stream = p.open(format=sample_format,    #打开音频流对象
                channels=channels,    #读入上一步设置的声道数
```

```
                rate = fs,          #读入上一步设置的采样频率
                frames_per_buffer = chunk,       #读入上一步设置的采样缓冲区宽度
                input = True)
frames = []     #新建空白数组来保存数据
for i in range(0, int(fs / chunk * seconds)):     #循环5s进行录音采样
    #将音频流读取的信息存入名为data的数据中
    data = stream.read(chunk)
    frames.append(data)     #frames数据后添加数据data
#停止关闭流
stream.stop_stream()
stream.close()
#释放PorAudio对象
p.terminate()
print('Finished recording')
#保存录音数据到WAV格式文件中
wf = wave.open(filename, 'wb')     #设置WAV文件操作形式为"只写入"
wf.setnchannels(channels)     #读入前期设置的通道数
wf.setsampwidth(p.get_sample_size(sample_format))
wf.setframerate(fs)     #读入前期设置的采样频率
wf.writeframes(b''.join(frames))     #将第二步录制的数据写入文件
wf.close()     #关闭文件
```

说明

该程序与项目1中的任务1.2采集语音信号的源代码相同。读者可以利用该段程序录制任意感兴趣的语音，用于语音处理。

【第二步】导入相关库。

需要导入三个库：第一个为os库，该库提供通用的、基本的操作系统交互功能；第二个为AudioFile，用于将音频文件转换为文字；第三个为get_model_path，用于获取pocketsphinx自带的语音模型的地址。

```
import os     #导入os库
from pocketsphinx import AudioFile, get_model_path     #导入AudioFile和get_model_path
```

【第三步】获取模型库地址。

该地址为存放支持语音识别最为关键的声学模型、语言模型及语音字典，有了这三个模型，即可以自动识别语音。pocketsphinx自带的模型为英语的声学模型、语言模型及语音字典。因此，本任务需要完成英语"hello, how are you"的自动识别。代码如下：

```
model_path = get_model_path()     #获取声学模型、语言模型及语言字典模型库地址
```

【第四步】设置参数及路径。

声学模型、语言模型及语音字典均使用默认的英文模型，设置录音的路径，默认在根目录下。代码如下：

```
file_path = "output.wav"      # 导入要进行语音识别的音频文件
config = {
    'verbose': False,      # 设置运行的时候不显示详细信息
    'audio_file': file_path,      # 用于转换的音频文件的路径
    'buffer_size': 2048,      # 读取的数据大小为 2048 字节
    'no_search': False,
    'full_utt': False,
    'hmm': os.path.join(model_path,'en-us'),      # 声学模型路径
    'lm': os.path.join(model_path, 'en-us.lm.bin'),      # 语言模型路径
    'dict': os.path.join(model_path, 'cmudict-en-us.dict')      # 语音字典路径
}
```

【第五步】添加配置循环识别。

利用第四步设置好的参数，使用循环进行语音识别，代码如下：

```
# 打印一个开始的标志，没有做任何运算
print("正在转换 " + file_path + " 到文字……")
audio = AudioFile(**config)      # 将上面 config 中的所有设置赋给 AudioFile
for phrase in audio:      # 循环识别
    print(phrase)
```

3.3.2　调试运行音频文件语音识别源代码

运行上述程序，即可观察到其输出的识别的文字，如图 3.17 所示。至此顺利完成了录制语音的识别任务，显示："hello how are you"。

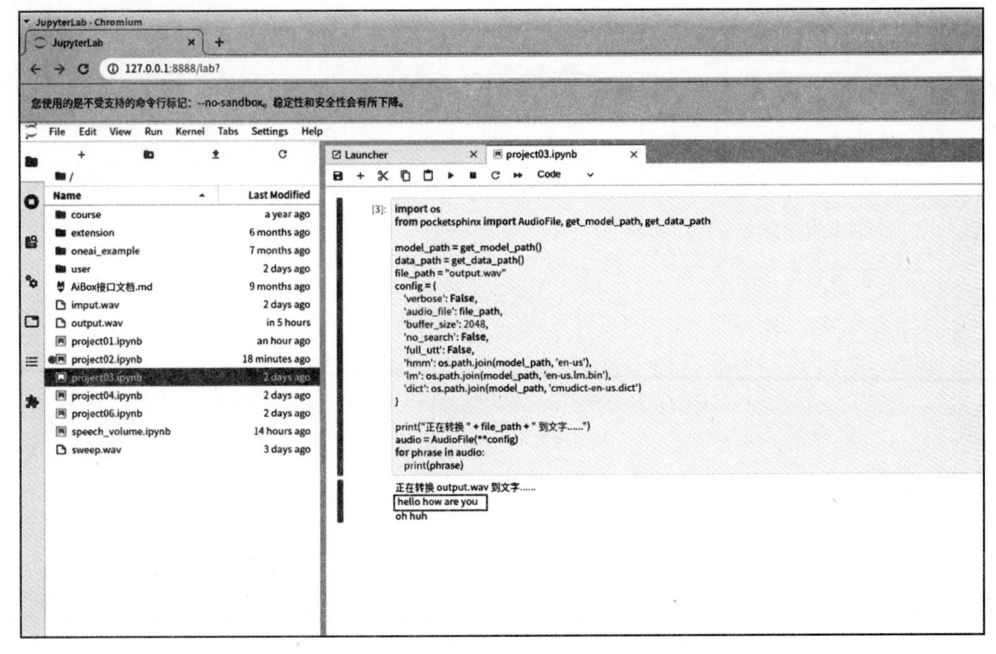

图 3.17　运行音频文件语音识别结果

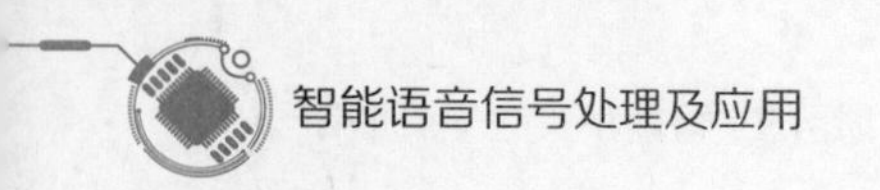

项目评价

完成本项目中的学习任务后，请对学习过程和结果的质量进行评价和总结，并填写评价反馈表。自我评价由学习者本人填写，小组评价由组长填写，教师评价由任课教师填写。

班级		姓名		学号		日期	
自我评价	1. 是否能完成 pocketsphinx 库的安装					□是	□否
	2. 是否能识别现场录入的语音“hello，how are you”，并使得屏幕上显示“hello how are you”					□是	□否
	3. 是否能识别已经录制好的“hello，how are you”音频，并在屏幕上识别显示“hello how are you”					□是	□否
	4. 在完成任务时遇到了哪些问题？是如何解决的						
	5. 是否能独立完成工作页的填写					□是	□否
	6. 是否能按时上、下课，着装规范					□是	□否
	7. 学习效果自评等级			□优	□良	□中	□差
	总结与反思：						
小组评价	8. 在小组讨论中能积极发言			□优	□良	□中	□差
	9. 能积极配合小组完成工作任务			□优	□良	□中	□差
	10. 在查找资料信息中的表现			□优	□良	□中	□差
	11. 能够清晰表达自己的观点			□优	□良	□中	□差
	12. 安全意识与规范意识			□优	□良	□中	□差
	13. 遵守课堂纪律			□优	□良	□中	□差
	14. 积极参与汇报展示			□优	□良	□中	□差
教师评价	综合评价等级： 评语： 教师签名：　　　　日期：						

项目拓展

尝试实时录制其他的英文语句，如“Nice to meet you”，观察识别结果，并查看是否能够正确识别并显示。

项目小结

语音识别技术就是机器通过识别和理解过程把语音信号转变为相应的文本或命令的技术。本项目主要学习开源语音识别程序(CMU 的 pocketsphinx)使用方法。

习　题

一、填空题

1. 语音词典包含了从________到________之间的映射，作用是用来连接________和________的。

2. 神经网络语言模型包括__________模型和__________模型。

3. 根据识别的对象不同，语音识别任务大体可分为三类，即__________、__________和__________。

4. 特征提取工作将语言信号从__________转换到__________，为声学模型提供合适的__________。

5. 语音识别本质上一个__________的过程，而模式识别的核心是________和________的问题。

二、选择题

1. 一个完整的语音识别系统包括(　　)。

A. 语音特征提取　　B. 声学模型与模式匹配

C. 语义理解　　D. 以上选项都正确

2. 以下关于语音识别技术涉及的领域，(　　)选项是错误的。

A. 信号处理　　B. 模式识别

C. 语音整合　　D. 发声机理

3. 语音识别技术的应用不包括(　　)。

A. 语音拨号　　B. 生物特征识别

C. 数据录入　　D. 语音导航

4. 语音识别流程包括以下几个步骤，其正确的顺序是(　　)。

①特征提取　②模型库　③语音信号预处理　④模型匹配

A. ①③②④　　B. ②③①④

C. ③①②④　　D. ④①③②

5. 传统的统计参数模型不包含以下(　　)。

A. 混合高斯模型　　B. 隐马尔可夫模型

C. 联合概率密度混合高斯模型　　D. 贝叶斯模型

三、判断题

1. 语音识别属于模式识别的范畴。(　　)

2. 语音技术是人机交互技术的一种。(　　)

3. 声学模型是语音识别系统的重要组成部分,它决定了语音识别中所有的计算开销与语音识别系统的性能。(　　)

4. 语音识别比语义识别能更好实现。(　　)

5. 用于决定哪个词序列的可能性更大,或者在出现了几个词的情况下预测即将出现的下一个词语内容的模型为高斯混合模型。(　　)

四、简答题

简述语音识别原理以及方法,并画出流程框图。

五、项目实操

搭建机器人智能语音转文本环境。

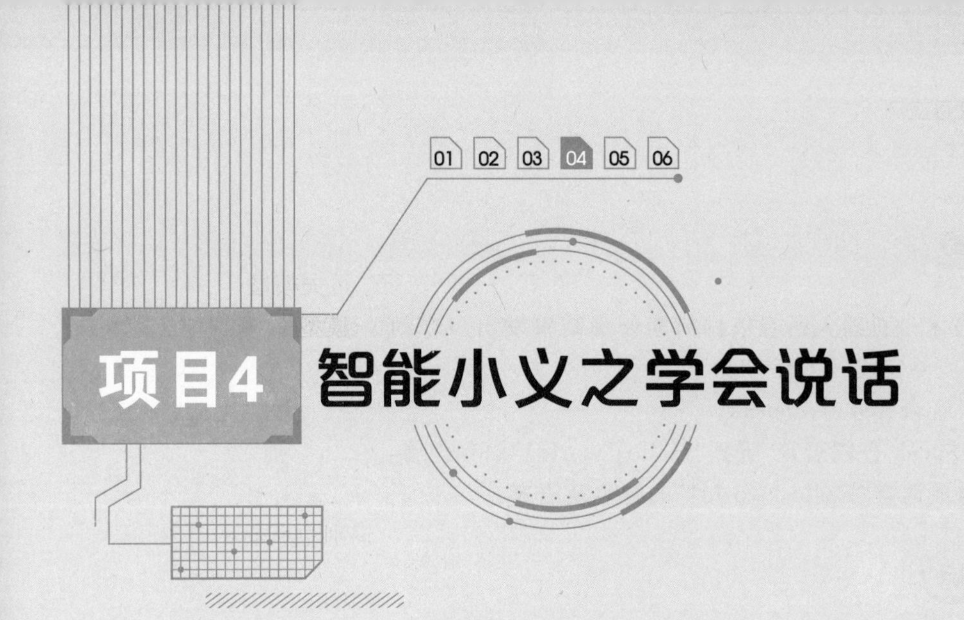

项目4 智能小文之学会说话

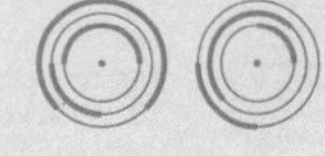

项目导入

语言是人类之间交流的有效手段。通过高效而无障碍的沟通，人类可以交流情感、传递信息、实现团队协作。让智能机器实现语音合成，像人类一样发出声音说话，是实现人机智能语音交互的关键一环，进而促进人类与智能机器的有效交流。当今语音合成技术飞速发展，应用场景越来越广泛，如智能手机、智能车载、智能工厂、智能客服、智能医疗、智能教育和智能家居等，如图 4.1 所示。

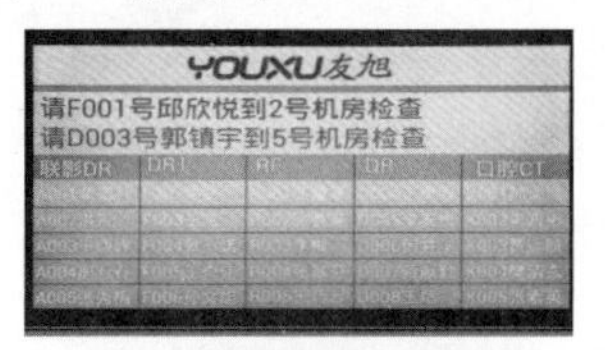

(a) 智能叫号

(b) 智能教育

(c) 智能客服

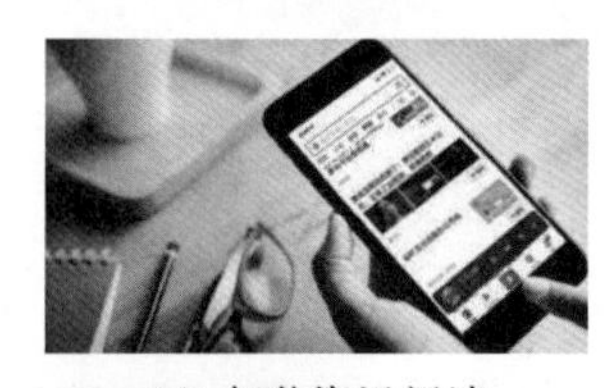

(d) 智能资讯阅读

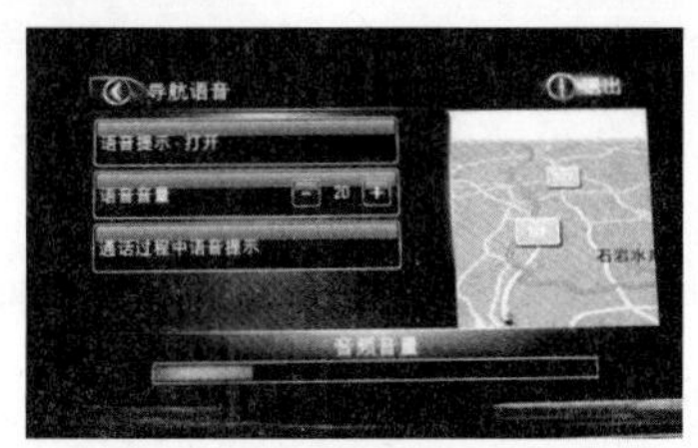

(e) 智能车载

图 4.1 语音合成应用场景

项目任务

语音合成技术是机器人语音依据前期处理结果发出声音的关键技术，是智能交互的核心内容，本项目需要完成以下任务。

(1) 安装语音合成软件 eSpeak。

(2) 利用 eSpeak 合成语音，听到“Hello，world!”语句声音。

(3) 调节合成语音“Hello，world!”的音色及语速。

学习目标

1. 知识目标

- 掌握语音合成的定义、系统组成与应用。
- 理解语音合成技术实现原理。
- 理解文本分析、韵律处理等语音合成相关知识。

2. 能力目标

- 掌握语音合成软件 eSpeak 的安装、使用方法。
- 能使用 eSpeak 进行语音合成。
- 能熟练使用 eSpeak 的不同参数调整发声的效果。

知识链接

1. 语音合成的定义

语音合成又称文语转换(text to speech，TTS)技术，将任意文字信息实时转化为标准流畅的语音朗读出来，相当于给机器装上了人工嘴巴。语音合成技术涉及声学、语言学、数字信号处理、计算机科学等多个学科技术，是中文信息处理领域的一项前沿技术，主要解决如何将文字信息转化为可听的声音信息，即让机器像人一样开口说话。这与传统的声音回放设备(系统)有着本质的区别。传统的声音回放设备(系统)，如磁带录音机，是通过预先录制声音然后回放来实现“让机器说话”的。这种方式无论是在内容、存储、传输还是在方便性、及时性等方面都存在很大的制约性。而通过计算机语音合成技术可以在任何时候将任意文本转换成具有高自然度的语音，从而真正实现“让机器像人一样开口说话”。

认识语音合成

语音合成技术除了能让机器像人一样发音，实现“人—机—人”通信外，还是语言学研究的一种辅助手段。通过对一些已知参数的语音合成实验和听辨实验，人们能够解释语音产生和语音感知的机理。语音合成技术以文本输入为起点，通过文本分析及声学建模进行预处理，转化为发音符号化描述，通过声码器转化为语音波形，进而合成能听到的语音进行输出，如图 4.2 所示。

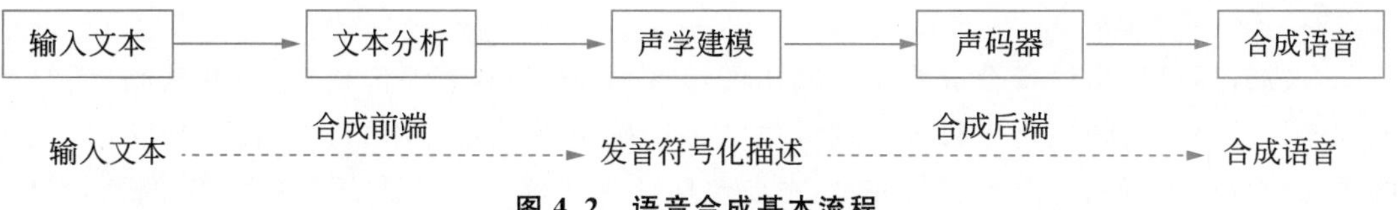

图 4.2 语音合成基本流程

2. 语音合成技术的基本术语

1）合成单元

语音合成系统需要分析语音信息，将语句进行拆分并像搭积木一样整合为语音合成系统。每一块积木即为需要处理的基本语音学单位，这种基本单元通常被称为“合成单元”或“合成单位”。

语音学中的音素、双音素、半音节、音节、词、短语和句子都可以用作合成单元，它们的大小互不相同，合成语音的数量和数码率也不相同。越大的合成单元意味着更大的数码率，合成的语音音质也越好。对于不同的编码合成方式以及不同的合成语音语种的语音合成，会采用不同的合成单元作为基本的处理单位来处理。例如，词、短语、句子等较大的合成单元多用于波形编码合成技术；音素、辅音加元音和元音加辅音等较小的合成单元多用于参数式分析合成和规则合成方式中的英语/日语合成；音节和声、韵母等大小适中的合成单元多用于参数式分析合成和规则合成方式中的汉语合成。

2）合成参数

合成参数包括音色参数和韵律参数。

音色参数又叫音段参数，其中常见的音色参数有共振峰频率、线性预测系数、LSF（line-specturn frequency，线谱频率）系数和生理发音参数。韵律参数包括音节的音高、音长和幅度等。

合成参数在进行语音合成时，有参数合成和规则合成两种方式，都需要选取合成参数。参数合成方式中每个合成单元的参数为该单元中的实际录音分析数据；规则合成方式中单元合成参数的选取和调试决定着合成音质的好坏，其一般通过对大量语音材料进行声学分析和反复调试得到。

3）语音合成库

语音合成库是一种在语音合成系统里合成单元编码或合成参数数据的集合。在不同的语音合成方式中语音合成库存储的数据是不同的，例如，在波形编码中是合成单元的波形编码，参数合成中是各合成单元逐帧的合成系数，规则合成中是各合成单元的声学参数和合成规则。

4）语音合成器

语音合成器是在语音合成系统中将合成参数转变为语音波形的软件和硬件系统，它是由语音产生的声学模型构成，共模拟了声源激励、声道共鸣和口鼻辐射三个语音产生的过程，其中关键的是模拟声道共鸣特性的数字滤波器。

根据控制语音音色的合成参数和数字滤波器的构造，可以将语音合成器分为共振峰合成器、线性预测合成器、线谱合成器和发音参数合成器等。

5）合成音质

合成音质是指由语音合成系统中输出的语音质量，有多个评价指标，包括清晰度、自然度和连贯性等。清晰度是指有意义的词语能被准确听辨的百分率；自然度主要从合成词语的语调和合成语音的音质来进行评价，主要包括音质是否与人说话声音相似，语调是否自然等；连贯性是对合成语音的流畅度进行评价。

3. 语音合成技术的分类

语音合成技术的分类可以从合成单元的处理方法和合成模型两方面进行划分。

1）基于合成单元的处理方法分类

(1) 波形合成法。波形合成法是将输入语音的波形存储到语音库，或对其编码压缩后进行存储，然后通过合成、回放、解码再输出合成语音，如图 4.3 所示。

图 4.3　波形合成法

在实际应用中，波形合成方法有一定的局限性。由于其主要存储语音或语音编码，遇到较大的词汇量时，存储空间有限，因此合成的语音段有词汇量的限制，主要将其应用在自动报时、报站和报警等方面。

(2) 参数合成法。参数合成法又称分析合成法，该方法的合成单元由音节、半音节或音素组成。

在参数合成法中，首先进行语音库的合成，即根据语音理论对所有合成单元的语音进行分析，并提取语音参数，进行编码后存储到合成语音库中；其次从语音库中取出与待合成语音消息对应的合成参数，进行编辑和连接后送入语音合成器中；最后在合成参数的控制下，进行语音波形的还原和输出。

参数合成法中涉及的合成参数主要有控制音强的幅度、控制音高的基频和控制音色的共振峰。该方法在合成时有音库小、韵律特征范围大、比特率低和音质适中的优点，但其在实际中以牺牲音质为代价进行合成，压缩比大的信息容易丢失，且方法涉及的参数较多，导致算法复杂。

(3) 规则合成法。规则合成法是一种以语音学规则为基础产生语音的高级合成方式，其主要是在系统中存储声学参数和音素，组成音节、控制音调等韵律的各种规则，不必进行词汇表的确定。

使用规则合成法时，输入需要合成的字母或文字之后，通过规则将其转换为连续的语音流。该方法的储存量少于参数合成法，音质可能减弱，但由于其存储量小，能够合成不限量词汇的语句，因此会是今后的发展趋势。三种语音合成方式的比较可以扫码学习。

三种语音合成方式比较

2）基于合成模型的分类

(1) 发音模型合成技术。发音模型合成技术是一种以人发音机理为基础的语音合成方法。在理论上，其通过模拟人的发音来合成语音，应该更接近人的发音，具有较高的可懂度

和自然度，但在实际上，人们对人类的发音机理中的一些辅音、复合元音过渡段的数据分析还不够，技术也不够成熟，这是该合成方法当前所面临的主要困难。

（2）声学模型合成技术。共振峰合成是一种重要的声学模型合成技术，该合成技术以滤波器理论为基础，其合成过程如图 4.4 所示。在该理论中认为，来自肺部的气流在通过声门之后会产生激励信号，频谱结构为 $S(f)$，经过声道时，将其当成线性滤波器，转移函数为 $T(f)$，同时也需要考虑辐射函数 $R(f)$，包括口鼻等辐射。

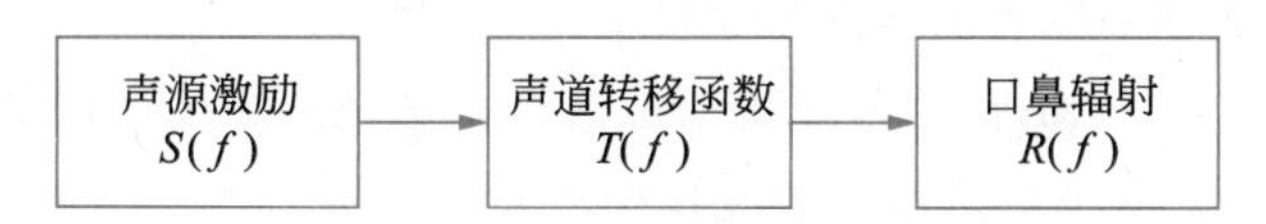

图 4.4 声学模型合成过程

（3）波形编码和拼接。波形编码和拼接的方法是通过将语音波形本身信息自然地保留在合成的语音当中来合成质量高的语音，其主要合成技术为线性预测合成技术和基音同步叠加（PSOLA）合成技术。

语音合成可根据智能化不同，分为从文字到语音的合成（text-to-speech）、从概念到语音的合成（concept-to-speech）和从意向到语音的合成（intention-to-speech）三个层次，分别反映了人脑的高级神经活动及形成说话内容的不同过程。语音合成系统实则是一个人工智能系统，想要合成高质量的语言需要具备两个条件：一是要以语义学、词汇和语音学等规则为基础；二是准确理解文字的内容。

4. 主要语音合成技术

1）线性预测编码（LPC）

LPC 合成技术本质上是一种时间波形的编码技术，能够降低时域信号的传输速率，波形拼接技术与语音的编码、解码技术发展关系密切，深受 LPC 技术发展的影响。

LPC 合成技术的合成过程实质上是简单的解码和拼接过程，简单直观，其以语音的波形数据为合成单元，能够对语音的全部信息进行存储，所以能够得到较高自然度的合成单元。但由于其本身在合成中将孤立的语音拼接在一起，主要形成"录音＋重放"的过程，与自然语流中的语音有着很大的区别，因此合成的语流质量不高。只有通过与其他技术相结合，才能提高 LPC 的合成质量。

2）基音同步叠加（PSOLA）技术

PSOLA 技术能够获得较高的清晰度和自然度，这是因为在拼接波形片段之前，该技术会通过上下文要求使用 PSOLA 算法对拼接单元的韵律特征进行调整，形成既能够保留原来的主要音段特征的波形，又符合上下文要求的韵律。

PSOLA 技术虽然具有简单直观、运算量小以及能够控制语音信号韵律参数的特点，但是其在使用时是基于基音同步的合成技术，因此在对其进行基音周期或起始点判定时产生的误差是不可避免的，会影响 PSOLA 的合成效果。另外，该技术在拼接合成时使用了一种简单的波形映射技术，其能否保持平稳过渡和它对频域参数的影响并没有得到解决，因此，会产生不理想的合成效果。

3）对数振幅近似(LMA)声道模型

由于PSOLA算法在韵律参数调整和处理协同发音方面的问题，无法满足人们对语音合成自然度与还原度的高要求，因此基于LMA声道模型的语音合成方法逐渐被人们使用，该方法在保证高质量合成音质的同时，还能够灵活地对韵律参数进行调整。

5. 语音合成技术实现原理

1）经典语音合成算法之共振峰合成

共振峰的定义

(1) 共振峰的定义。共振峰是指在声音频谱中能量相对集中的区域，反映声道的物理特征。由于腔体通过滤波作用将经过共振腔的声音进行过滤，使不同频率的能量得到重新分配。此时，一部分将受到共振腔的共振而强化，另一部分能量则衰减，导致能量分配不均匀，强的部分像山峰，因此称为共振峰。详细知识介绍可扫码学习。

(2) 共振峰合成原理。由于不同音色的语音有不同的共振峰模式，所以将共振峰频率和带宽作为参数，可以构成共振峰滤波器。语音合成时，可以通过多个共振峰滤波器进行组合模拟声道的传输，然后将激励源处的信号进行调制，最后通过辐射模型输出合成语音，如图4.5所示。

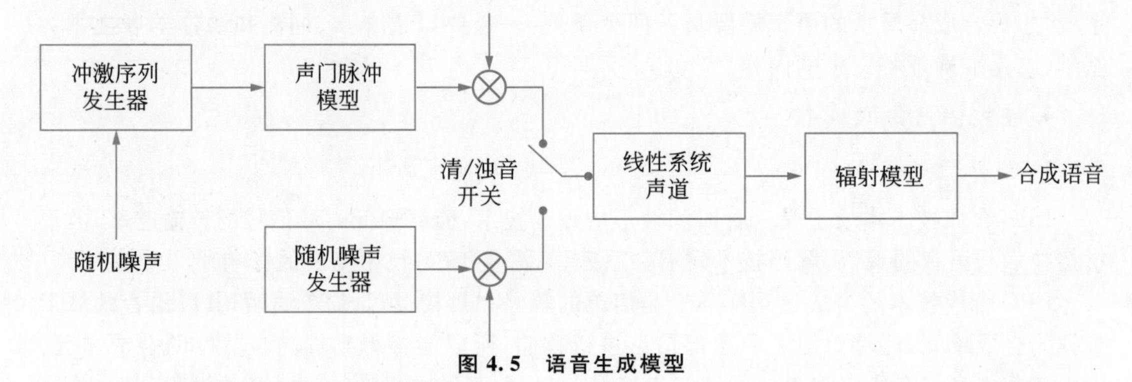

图4.5　语音生成模型

实用模型

(3) 实用模型。实用模型包括级联型共振峰模型、并联型共振峰模型和混合型共振峰模型，详细知识介绍可扫码学习。

(4) 共振峰模型的优缺点。

优点：共振峰模型是对声道模拟比较准确的一种模型，可以合成自然度比较高的语音，此外，还可以通过设置激励源和谐振器等参数，对音高、音长、音强等目标值进行调整，且调整起来也比较容易。

缺点：①共振峰模型建立在对声道模拟的基础上，因此，声道模型的准确度势必会影响其合成质量。②实际应用中，共振峰模型不能对语音自然度的其他细微的语音成分进行精准表述，因而影响了合成语音的自然度。③共振峰合成器有着复杂的控制方式，因此较难实现。

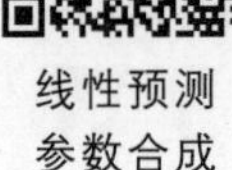
线性预测
参数合成

2）经典语音合成算法之线性预测合成

(1) 线性预测分析的基本原理。线性预测分析的基本思想是由于语音

样本之间的相关性，通过过去的样本数据可以预测现在或未来的样本数据。也就是说，一个语音的取样能够用过去若干个语音取样或它们的线性组合来逼近，在一定的准则下，将实际语音采样或线性预测采样之间的误差最小化，从而确定唯一的预测系数，这些预测系数反映了语音信号的特征，可以作为语音识别、语音合成等语音信号的特征参数。

（2）线性预测参数合成。线性预测参数合成是基于全极点声道模型的假定，采用线性预测分析的原理来合成语音信号。线性预测参数合成的原理详细知识介绍可扫码学习。

（3）线性预测合成方法的优缺点。线性预测合成方法的优点是合成简单，可以自动分析系数；缺点是必须与其他技术相结合，才能显著提高线性预测合成方法语音合成的质量，共振峰合成过程虽然非常复杂，但可以生成高质量的合成语音。详细知识介绍可扫码学习。

线性预测合成方法的优缺点

3）经典语音合成算法之按规则合成

（1）韵律特征。韵律规则是合成规则中的一个重要组成。汉语语音节奏性很强，单个音节除具有自身韵律特征外，还会因语流中音节所处的位置不同，发生声调、音强、音长变化等协同发音现象，这就要求必须对自然语言中的韵律特征进行统计，从而得出规则。韵律规则有词调规则、句调规则、音长规则以及音强规则等。其中，声调属于音节层的韵律，语调属于句子层，乃至语篇层面的韵律。韵律会对合成语音的自然度产生影响，也会影响语句的可理解性。详细知识介绍可扫码学习。

韵律特征

（2）汉语按规则合成系统。当无限词汇的汉语语音按规则合成时，合成单元大多数情况下会选择声母和韵母。虽然音素存储量很小，但由于音素中音位变体非常复杂，至今没有人能够总结出这些音变的规则。汉语复韵母的各音素在实际中是一串音位串，它们不是独立的且不可分割，是一个整体的语音单位。采用音素或者双音素作为合成单元并不合适，采用音节甚至单词作为合成单元，所需规则会简单些，语音库的存储量也会大大增加。一般会采用声母与韵母作为合成单元，存储量不大，所需的规则大体上只是辅音－元音、元音－元音转换规则和多字词中各自的声调变调规则等。详细知识介绍可扫码学习。

汉语按规则合成系统

6. 文本分析及韵律处理相关知识

1）文本分析

文本分析是语音合成系统的前端。根据发音字典对文本进行处理，将输入的文本字符串分解为属性词和拼音。

文本分析的主要功能是计算机根据上下文识别文本，了解文本的范围、发音的类型和发音的方式，并告诉计算机发音方式，使计算机能够识别文本中的单词和短语，了解停顿位置和时间等。详细知识介绍可扫码学习。

文本分析

2）韵律处理

人在说话时都有韵律特征，不像机器声音呆板没有感情，其表现出的韵律特征包括不同声调、语气、停顿方式、发音长短，还包括感情和语气变

韵律处理

化时的音高、音强和响度的变化，韵律能够将感知信息和意图信息融入声音当中。韵律参数包括影响韵律特征的声学参数，如基频、音长、音强等。

韵律中包括听觉特征和声学特征，声学特征中最主要的是基频，其能够反映人在说话时的情绪和语句内容的重要性，基频有其固定的变化规律，在其变化规律上，通过基音的一些变化反映感情或重视程度的变化。详细知识介绍可扫码学习。

7. Python 在语音合成中的应用

使用 Python 调用 espeak 开源语音合成工具，所用到的关键函数功能说明如下。

1）espeakng.Speaker()

函数功能：初始化 espeakng 中的 Speaker，要使用 espeakng 中相关的函数必须首先进行初始化，引入 Speaker 对象。

语法格式：mySpeaker = espeakng.Speaker(voice="en")。

参数说明：voice(string)——语音合成的语言，默认“en”英文。

函数应用示例代码如下：

```
import espeakng       #导入 espeakng 库
import espeakng mySpeaker = espeakng.Speaker()       #新建一个 Speaker 对象
```

2）Speaker.say()

函数功能：进行语音合成。

语法格式：Speaker.say(phrase, wait4prev=False)。

参数说明：

- phrase(string)——需要合成的短语字符串。
- wait4prev(bool)——布尔值，是否等待当前合成的语音播放完毕再进行本次播放，其值为 True(是)或 False(否)，默认值为 False。

函数应用示例代码如下：

```
mySpeaker.say('Hello, world!')       #调用 say 函数，播放 Hello World 声音
```

项目准备

1. 硬件准备

(1) 一台便携式人工智能教学平台，硬件版本 1.0 以上。

(2) 一个音频播放装置(音箱)。

2. 软件准备

便携式人工智能教学平台软件系统，软件版本 V1.1 以上，Python 3.6.9。

任务4.1 搭建语音合成环境

1. eSpeak 的安装

搭建语音合成及智能客服环境

eSpeak 既是一款开源软件，能把文本转换成语音，也是一款简洁的语音合成器，用C语言编写而成，它支持英语和其他多种语言的语音识别。eSpeak 的安装步骤如下。

【第一步】更新 apt-get。

apt-get 是一款适用于 UNIX 和 Linux 系统的应用程序管理器，使用这个工具来安装 eSpeak，第一步需要对 apt-get 进行更新，作用是更新同步源的软件包的索引信息，从而进行软件更新，以便安装最新的软件。

进入便携式人工智能教学平台桌面，在桌面右击选择“Open Terminal Here”，在桌面打开终端窗口。

在终端中输入如下代码进行 apt-get 更新。

```
sudo apt-get update        # 更新 apt-get
```

因为使用了管理员权限，需要输入密码，默认密码为“ubtech”，apt-get 进行更新会从库中更新索引，因为某些原因，有些网站无法访问也不影响使用。运行结果如图 4.6 所示。

```
oneai@oneai-desktop:~/Desktop$ sudo apt-get update
[sudo] oneai 的密码：
获取:1 file:/var/cuda-repo-10-0-local-10.0.326  InRelease
忽略:1 file:/var/cuda-repo-10-0-local-10.0.326  InRelease
获取:2 file:/var/visionworks-repo  InRelease
忽略:2 file:/var/visionworks-repo  InRelease
获取:3 file:/var/visionworks-sfm-repo  InRelease
忽略:3 file:/var/visionworks-sfm-repo  InRelease
获取:4 file:/var/visionworks-tracking-repo  InRelease
忽略:4 file:/var/visionworks-tracking-repo  InRelease
获取:5 file:/var/cuda-repo-10-0-local-10.0.326  Release [574 B]
获取:5 file:/var/cuda-repo-10-0-local-10.0.326  Release [574 B]
获取:6 file:/var/visionworks-repo  Release [1,999 B]
获取:6 file:/var/visionworks-repo  Release [1,999 B]
获取:7 file:/var/visionworks-sfm-repo  Release [2,003 B]
获取:8 file:/var/visionworks-tracking-repo  Release [2,008 B]
获取:7 file:/var/visionworks-sfm-repo  Release [2,003 B]
获取:8 file:/var/visionworks-tracking-repo  Release [2,008 B]
命中:11 http://ppa.launchpad.net/xubuntu-dev/staging/ubuntu bionic InRelease
错误:14 https://packagecloud.io/headmelted/codebuilds/debian stretch InRelease
  401  Unauthorized [IP: 52.8.129.94 443]
```

图 4.6 apt-get 更新结果

【第二步】安装语音合成软件 eSpeak。

等待 apt-get 更新完毕，使用 apt-get 安装语音合成软件 eSpeak，在终端中继续输入如下代码。

```
sudo apt-get install espeak-ng        # 安装语音合成软件 eSpeak
```

apt-get 将会自动下载安装 eSpeak 以及其依赖的软件包,安装结果如图 4.7 所示。

图 4.7　eSpeak 安装结果

【第三步】下载所需的 Python 包。

eSpeak 已经安装到系统后,为了能够在 Python 中调用 eSpeak 进行语音的合成,还需要在终端中下载所需的 Python 包,在终端中输入如下代码。

```
pip install espeakng        # 下载所需 Python 包
```

【第四步】安装检验。

等待安装结束后即可在桌面打开 JupyterLab。在文件栏的左上角单击加号,在弹出的页面中选择 Notebook 目录下的 Python 3,新建一个 Python 3 Notebook。使用如下代码进行导入 espeakng,检测安装是否成功。

```
import espeakng        # 导入 espeakng
```

单击上方的运行按钮开始运行程序,若没有报错则 espeakng 安装正常,效果如图 4.8 所示。

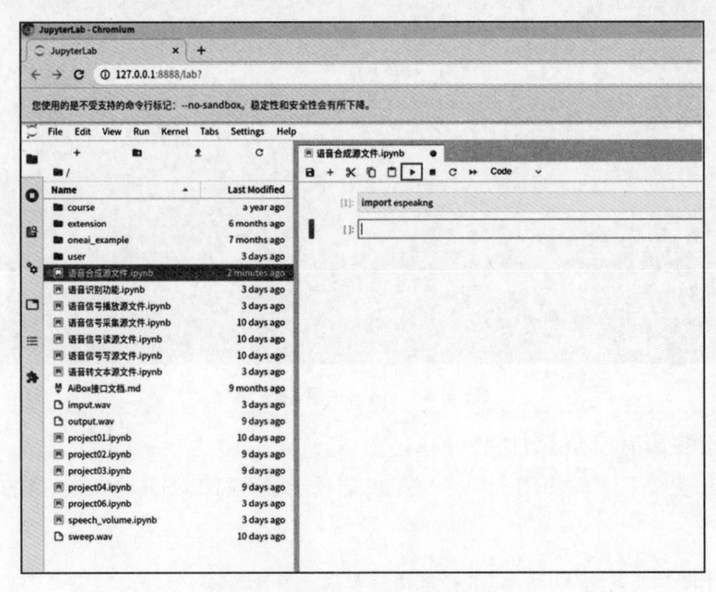

图 4.8　检测 espeakng 安装结果

2. 创建语音合成及发声源文件

每次执行语音信号处理编程任务时，需要单独建立源文件，具体步骤如下。

【第一步】双击桌面的 JupyterLab 打开网页。

【第二步】在左上角单击加号，在弹出的页面中选择 Notebook 目录下的 Python 3，新建一个 Python 3 Notebook。

【第三步】生成一个空白的待编辑文件，如图 4.9 所示，在光标处即可编辑后续程序。

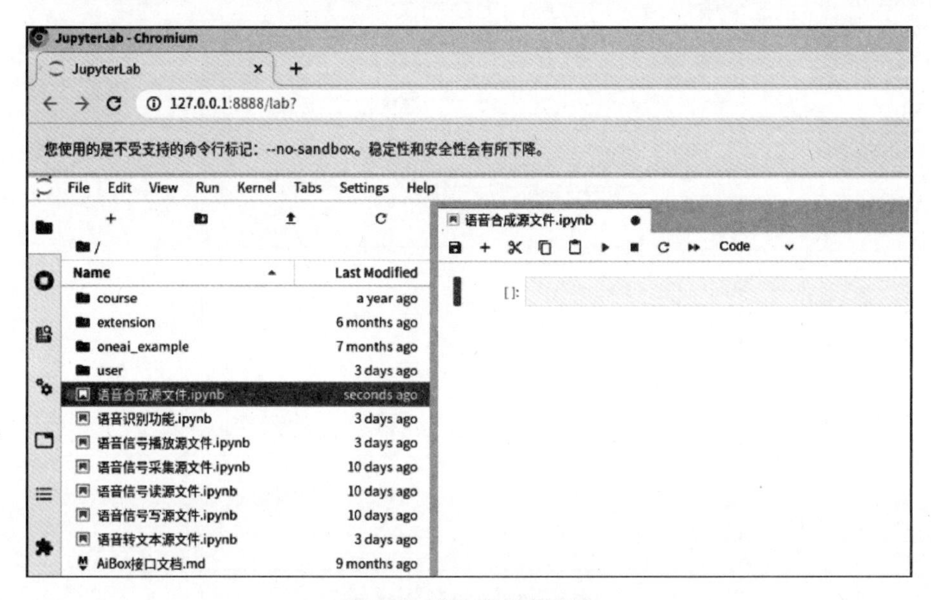

图 4.9 空白待编辑程序

任务 4.2 语音合成

1. 编辑语音合成源代码

借助于强大的 eSpeak 软件，语音合成非常的简单和易用。以英文语句发声为例，主要实现步骤如下。

实现语音合成

【第一步】引入 espeakng 库，并初始化声卡。代码如下：

```
import espeakng      # 导入 espeakng 库
import os     # 导入 os 模块
os.system("init_card2 >/dev/null 2>1")      # 初始化声卡
```

【第二步】引入一个 Speaker 对象。

引入一个 Speaker 对象，并命名为 mySpeaker，以备后续的发声操作。代码如下：

```
mySpeaker = espeakng.Speaker()      # 引入一个 Speaker 对象
```

【第三步】设置语音内容，使用函数进行播放。

将希望播放的语句写入函数的括号中，即可完成语音内容的设置。代码如下：

```
mySpeaker.say('Hello, world!')        #设置语音内容('Hello, world!')
```

2. 调试运行语音合成源代码

单击运行按钮运行上述代码，如图 4.10 所示，即可听到合成的语音“Hello, world!”，大家可以听到一个中等语速的男声在说“Hello, world!”，可以通过修改不同的字符串来播放不同的文字语音，让这个中等语速的男声说更多的文字。

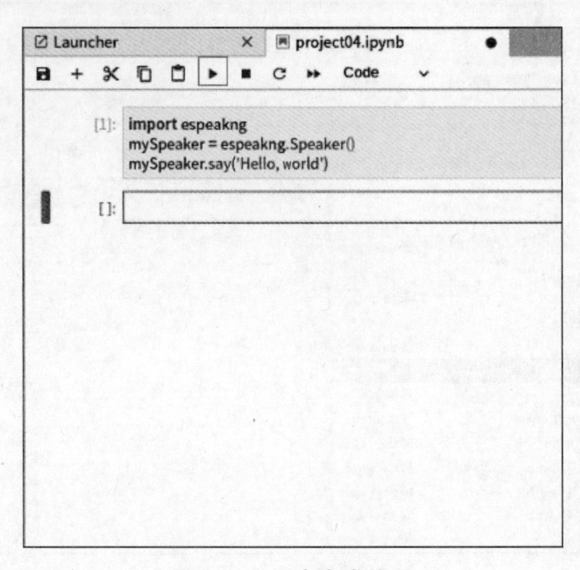

图 4.10　语音合成结果

任务 4.3　调整音频文件的发声效果

1. 编辑音频文件调整发声源代码

调节音频文件发声效果

机器人不仅能够说出用户设置的语句，还能调整声音的发声效果，以满足不同的场景需要。发声效果的调整步骤如下。

【第一步】导入 espeakng 库，并初始化声卡。代码如下：

```
import espeakng        #导入 espeakng 库
import os        #导入 os 模块
os.system("init_card2 >/dev/null 2>1")        #初始化声卡
```

【第二步】引入一个 Speaker 对象。代码如下：

```
mySpeaker = espeakng.Speaker()        #引入一个 Speaker 对象
```

【第三步】调节音色。

音色的调节通过不同的相关参数来实现，代码如下：

```
mySpeaker.pitch = 120      #音色调节,参数 = 120
```

音色参数默认值为 80,任务 4.2 中采用默认值,听起来是一个男声的效果。设置为 120 即为女声的效果。调节该参数最低可以到 1,想听到较为明显的音色变化,则以 10 为单位升高该参数。参数越低,声音越低沉;参数越高,声音越尖锐。通过测试,参数超过 120 时,音色变化不再明显。

【第四步】调节语速。

语速的调节通过不同的参数来实现,代码如下:

```
mySpeaker.wpm = 140      #语速调节,参数 = 140
```

语速参数默认值为 120,任务 4.2 中采用默认值,听起来是一个适中的语速。参数值最低可以调到 1,语速是最慢的;参数在 1~100 之间,语速变化不明显;参数超过 100 时,语速将有较为明显的变化。以 10 为单位调节该参数,语速的变化感受更为直接。参数 100 以下的语速就像朗读课文,而参数 120 的语速像是正常说话的语速。参数为 150 时,语速类似说相声,有了明显的提升。如果将语速调节为 180,几乎就像快速辩论的效果。通过实际测试,如果该参数调节到 500,则语速已经快得基本听不清内容了。

【第五步】语音播放。

设置好参数后,运行如下代码进行相关内容发声。机器人在播放设置的内容时,依据用户设置的音色和语速调节发生的效果,以配合不同的发声场景。

```
mySpeaker.say('Hello, world!')      #按照设置好的音色和语速播报'Hello, world!'
```

2. 调试运行音频文件调整发声源代码

运行上述程序,即可听到合成的语音"Hello, world!",并明显感受到调整后的发声效果,是一个速度较快的女声,如图 4.11 所示。

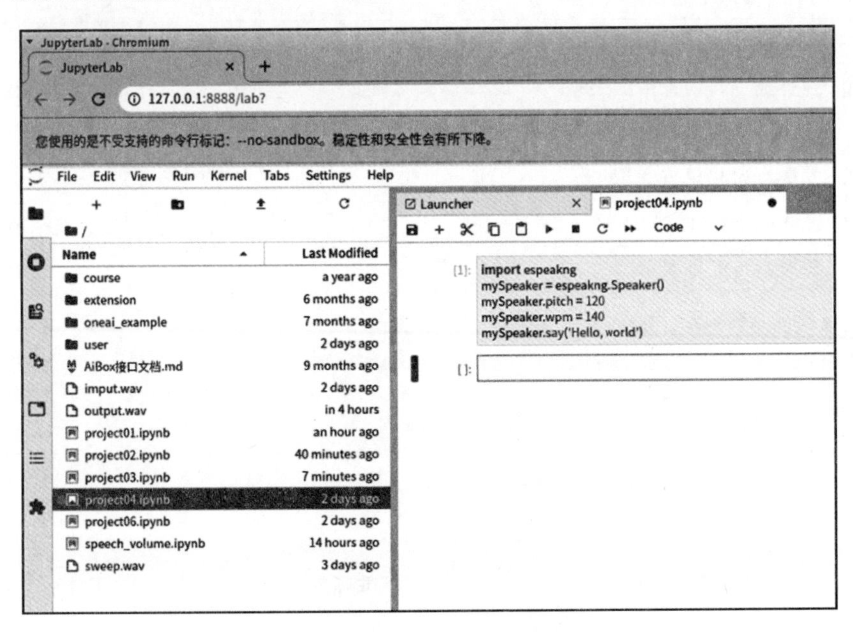

图 4.11　调整发声效果

项目评价

完成本项目中的学习任务后，请对学习过程和结果的质量进行评价和总结，并填写评价反馈表。自我评价由学习者本人填写，小组评价由组长填写，教师评价由任课教师填写。

班级		姓名		学号		日期	
自我评价	1. 是否能完成 eSpeak 库的安装				□是	□否	
	2. 是否能让机器人说出设置的语言“Hello, world!”				□是	□否	
	3. 是否能让机器人以速度较快的女声说出设置的语言“Hello, world!”				□是	□否	
	4. 在完成任务时遇到了哪些问题？是如何解决的						
	5. 是否能独立完成工作页的填写				□是	□否	
	6. 是否能按时上、下课，着装规范				□是	□否	
	7. 学习效果自评等级			□优	□良	□中	□差
	总结与反思：						
小组评价	8. 在小组讨论中能积极发言			□优	□良	□中	□差
	9. 能积极配合小组完成工作任务			□优	□良	□中	□差
	10. 在查找资料信息中的表现			□优	□良	□中	□差
	11. 能够清晰表达自己的观点			□优	□良	□中	□差
	12. 安全意识与规范意识			□优	□良	□中	□差
	13. 遵守课堂纪律			□优	□良	□中	□差
	14. 积极参与汇报展示			□优	□良	□中	□差
教师评价	综合评价等级： 评语： 教师签名：　　　　日期：						

项目拓展

尝试让机器人说“Nice to meet you”这句话，并以较慢速度的男声进行发音。

项目小结

让智能小义学会说话，即让它能够将文本转化为声音，使得用户能够听到且能听懂。这是智能语音中，用户与机器人实现语音交互的关键一步。

习　题

一、填空题

1. 语音合成又称__________，解决的主要问题就是如何________________，也即让机器像人一样开口说话。

2. 语音合成系统需要分析____________，将语句进行拆分，需要像搭积木一样整合为_________，每一块积木即为需要处理的________，这种基本单元通常被称为“________”或“_________”。

3. 合成参数在进行语音合成时，有________和________方式，其中都需要________。

4. 合成语音库在不同的语音合成方式中存储的数据是不同的，在波形编码中是合成单元的________，参数合成中是各合成单元逐帧的________，规则合成中是各合成单元的________和________。

5. 清晰度是指________能被准确听辨的________；自然度主要从________和________来进行评价；连贯性是对________的__________进行评价。

二、选择题

1. 语音合成技术的分类依据多种多样，按合成模型的划分方法进行划分时可以分为(　　)。

   A. 波形合成、声学合成和发音合成
   B. 参数合成、声学合成和规则合成
   C. 波形合成、参数合成和规则合成
   D. 基于声学模型、发音模型和自然语音编码模型

2. 下列选项中，可以应用于波形编码合成技术的为(　　)。

   A. 辅音　　　B. 音素
   C. 句子　　　D. 元音加辅音

3. 合成参数在进行语音合成时，应用参数合成方式的每个合成单元的参数为(　　)。

   A. 合成的音质　　　B. 实际语音分析数据

C. 过滤后的语音数据　　　　　　　D. 合成的音高

4. 下列不属于语音合成技术的是(　　)。

A. PSOLA(基音同步叠加技术)　　　B. ANN(神经网络方法)

C. LMA(对数振幅近似)声道模型　　D. LPC(线性预测编码)

5. 共振峰合成技术中,实用模型包括下列选项中的(　　)。

A. 级联型共振峰模型、并联型共振峰模型和混合型共振峰模型

B. 串联型共振峰模型、并联型共振峰模型和混合型共振峰模型

C. 串联型共振峰模型、并联型共振峰模型和级联型共振峰模型

D. 串联型共振峰模型、并联型共振峰模型

三、判断题

1. 语音学中的音素、双音素、半音节、音节、词、短语和句子都可以用作合成单元。(　　)

2. 语音合成器是由语音产生的声学模型构成,共模拟了声道共鸣和口鼻辐射两个语音产生的过程。(　　)

3. 当无限词汇的汉语语音按规则合成并进行基元选择时,必须选择声母和韵母这两类。(　　)

4. 语音合成时,可以通过多个共振峰滤波器进行组合模拟声道的传输,然后将激励源处的信号进行调制,最后通过辐射模型输出合成语音。(　　)

5. 韵律中包括听觉特征和声学特征,声学特征中最主要的是基频。(　　)

四、简答题

简要概述语音合成的基本流程。

五、项目实操

eSpeak 是一款开源软件,能把文本转换成语音。也是一款简洁的语音合成器,用 C 语言编写而成,它支持英语和其他多种语言的语音识别。结合实验操作,写出引入 espeakng 库,并加入一个 Speaker 对象,命名为 mySpeaker 的源代码。

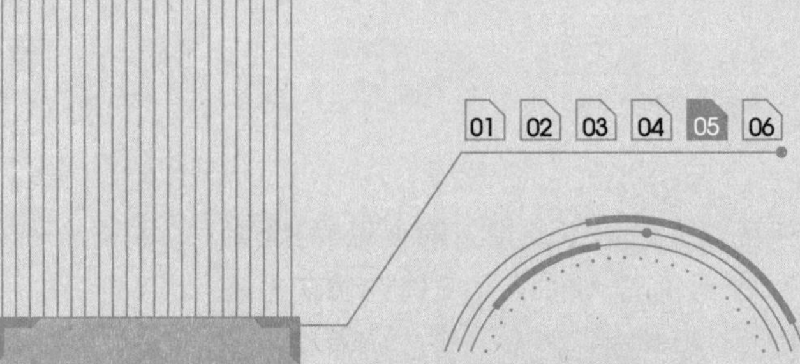

项目5 智能客服之对话机器人

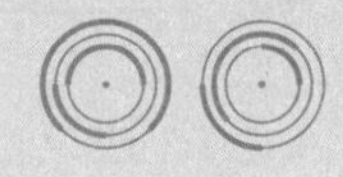

项目导入

机器人与人的交互方式多种多样，如早期的键盘、鼠标、屏幕，近年来发展起来的手势、虚拟现实等都属于人机交互的方式。语音是传递信息的重要媒介，因此语音是人与人之间交流的重要方式。当机器人除了能够听懂语音信息、处理语音信息外，还能将文本转化为语音时，就具备了与人交流的能力。具备交流能力的机器人可以听取语音形式的指令，完成更多的任务，更好地融入人们的生活，如智能客服机器人等，如图 5.1 所示。

图 5.1 智能客服机器人

项目任务

本项目需要完成以下任务。

(1) 对机器人说“今天是什么星座”，收到机器人的语音反馈：“今天出生的人是处女座哦”。

(2) 对机器人说“静夜思全文”,收到机器人的语音反馈:《静夜思》的全文。

(3) 对机器人说“国庆节是哪一天”,收到机器人的语音反馈:“国庆节在 2021 年 10 月 1 日星期五哦”。

(4) 通过程序读取并显示当前系统音量大小。

(5) 改变当前系统音量为 20%。

学习目标

1. 知识目标

- 理解对话机器人的关键技术:语音识别。
- 理解对话机器人的关键技术:自然语言处理。
- 理解对话机器人的关键技术:语音合成。

2. 能力目标

- 能够完成智能客服程序,并与机器人完成交互对话。
- 能够完成系统音量的读取。
- 能够完成智能客服系统的音量调节。

知识链接

1. 对话机器人系统简介

1) 对话机器人定义

对话机器人又称为聊天机器人,本质上是一种通过模拟人类自然语言进行对话的计算机程序。通常运行在特定的软件平台上,如 PC 平台或者移动终端设备平台等。

2) 对话机器人的分类

从实现技术层面来看,对话机器人可分为 3 类:闲聊型机器人、问答型机器人、任务型机器人。

闲聊型机器人主要功能是能够与用户进行闲聊对话,如微软小冰、苹果 Siri 等。

问答型机器人本质是在特定领域的知识库中,找到和用户提出的问题语义匹配的知识点,如淘宝智能客服小蜜、京东智能客服 Jimi 等。

任务型机器人是指在特定条件下为用户提供信息或服务,以满足用户的特定需求,如查话费、订餐等。

从应用场景的角度来看,可以分为在线客服、娱乐、教育、个人助理和智能问答五个种类。

在线客服对话机器人主要功能是可以与用户进行基本沟通,并自动回复用户有关产品或服务的问题,以实现降低企业客服运营成本、提升用户体验的目的。其应用场景通常为网

站首页和手机终端。

娱乐型对话机器人主要功能是能与用户进行开放主题的对话，从而实现对用户的精神陪伴、情感慰藉和心理疏导等作用。其应用场景通常为社交媒体、儿童玩具等。

教育型对话机器人主要功能是根据教育内容不同，构建交互式语言使用环境，指导用户学习某种语言或某项专业技能。其应用场景通常为具备人机交互功能的学习培训类软件以及智能终端。

个人助理类对话机器人主要功能是通过语言或文字与机器人进行交互，实现个人事务的查询及代办功能，如天气查询、日程提醒等。

3）对话机器人系统组成

通常来说，对话机器人的系统框架如图 5.2 所示，包含 5 个主要功能模块。

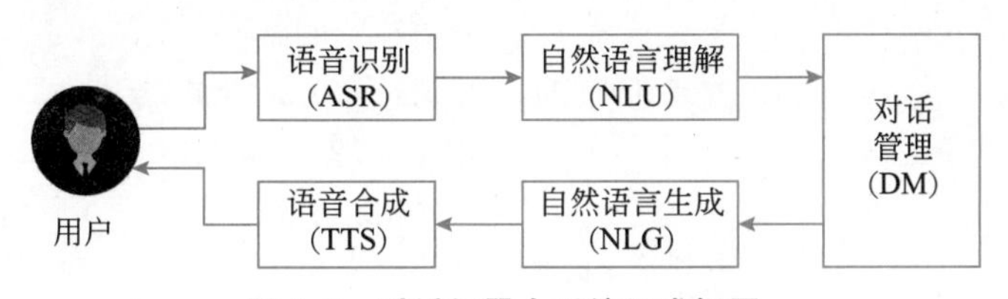

图 5.2　对话机器人系统组成框图

（1）语音识别模块：负责接收用户的语音输入并将其转换成文字形式交由自然语言理解模块进行处理。

（2）自然语言理解模块：在理解用户输入的语义之后，将特定的语义表达式输入到对话管理模块中。一般来说，对话机器人系统中的自然语言理解功能包括用户意图识别、用户情感识别、指代消解、省略恢复、回复确认及拒识判断等技术。

（3）对话管理模块：主要负责协调对话机器人各个模块的调用及维护当前对话状态，选择特定的回复方式并交由自然语言生成模块进行处理。对话管理功能中涉及的关键技术主要有对话行为识别、对话状态识别、对话策略学习及对话奖励等。

（4）自然语言生成模块：通常根据对话管理部分产生的非语音信息，自动生成回复文本输入给语音合成模块，然后将文字转换成语音输出给用户。对话机器人中自然语言生成技术主要涉及检索式对话生成技术和生成式对话生成技术两大类。

2. 对话机器人的关键技术：语音识别

1）语音识别的概念

语音识别是将语音输入至智能设备，通过识别和理解将语音信号转变为文本或命令的技术。语音识别是为了让计算机理解人的语言和意图，从而执行相应的命令和做出回应。

语音识别技术是一门交叉学科，其涉及数字信号处理、人工智能、语言学、数理统计学、声学、情感学及心理学等学科。应用领域范围较广，主要包括工业、军事、交通和民用等领域。

语音识别的原理

2）语音识别的原理

语音识别模仿或代替人耳的听觉，本质上是一种模式识别。其原理大多为模式匹配，通过将输入的未知语音模式与已有的语音模式进行对照比较，匹配得到的最

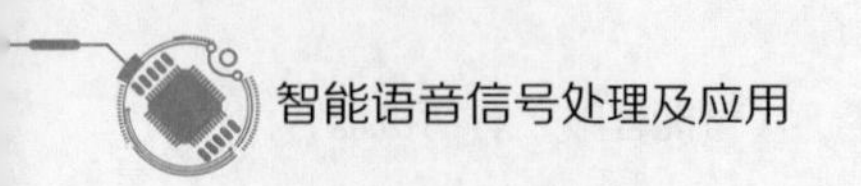

佳模式作为最终的识别结果。

语音识别分为训练和识别两步：第一步是学习(训练)的过程，根据识别系统的类型选择识别方法，分析并存储语音特征参数，将其作为标准模式库，该库称为样本或模式；第二步是对输入的语音进行识别。详细知识介绍可扫码学习。

3）语音识别的分类

如图 5.3 所示，语音识别可以从不同角度进行分类，可以按识别单位、识别词汇量、讲话人的范围、识别方法、识别环境、传输系统和说话人的类型划分。详细知识介绍可扫码学习。

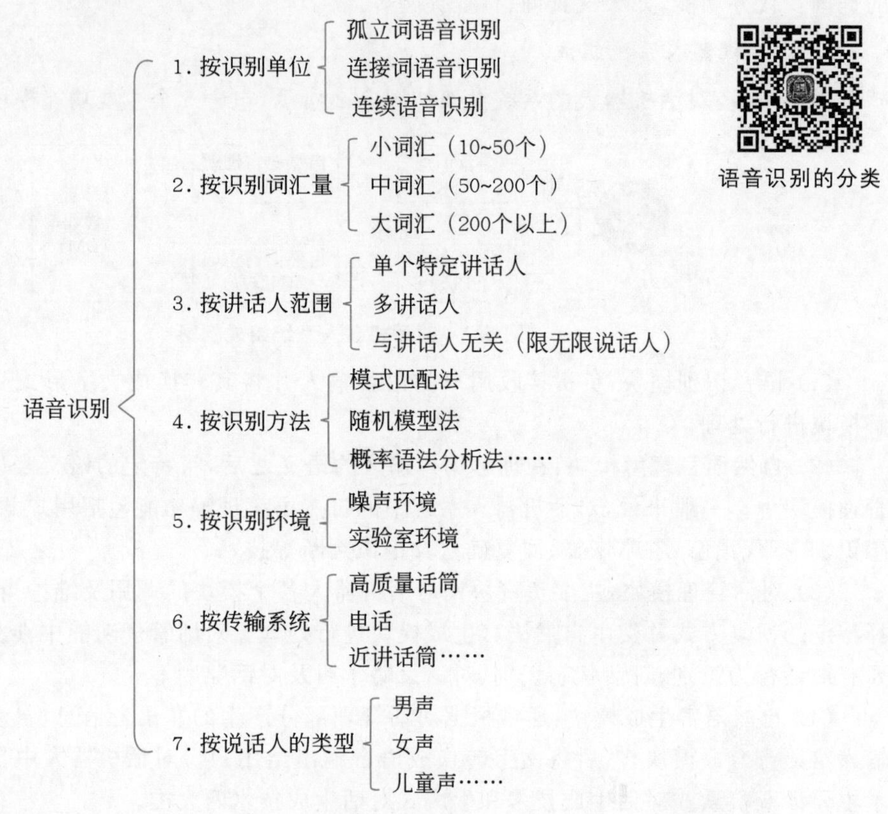

图 5.3 语音识别分类

4）语音识别的应用

人与人之间沟通交流最直接有效的方式是语音交流，但人与机器之间并不能直接进行语音交流。而语音识别技术的出现使得人与机器之间能够进行语音信息传递，实现简单高效的沟通。在生活中，最常见的语音识别技术是智能手机中的语音输入法、语音助手和语音检索等；其次在一些智能家居中，如图 5.4 所示，机器通过语音识别技术听懂人的意图，对智能电视、空调、照明系统等进行控制，智能可穿戴设备、智能车载设备中的语音交互也是利用语音识别技术；另外，在传统行业之中也应用了语音识别技术，例如，医院通过语音识别录入电子病历；法庭的庭审现场通过语音识别记录文字；影视中通过语音识别制作字幕；还有呼叫中心的录音质检、听录速记等。除此之外，语音识别技术还与其他技术相结合应用于翻译，通过口语识别技术、机器翻译技术和语音合成技术来实现不同语言之间的无障碍交流，

如自动口语翻译,如图 5.5 和图 5.6 所示。

图 5.4 智能家居

图 5.5 能听懂方言的语音识别技术

图 5.6 能进行翻译的语音识别技术

3. 对话机器人的关键技术:自然语言处理

1) 自然语言处理的概念

认识自然语言处理

自然语言处理(NLP)属于人工智能的一种,主要通过计算机处理、理解和运用中文、英文等语言。图 5.7 为自然语言处理的交叉学科关系,融合了计算机科学、人工智能以及语言学,该学科主要研究通过机器学习技术,如何使计算机处理人类语言,并最终理解人类语言。

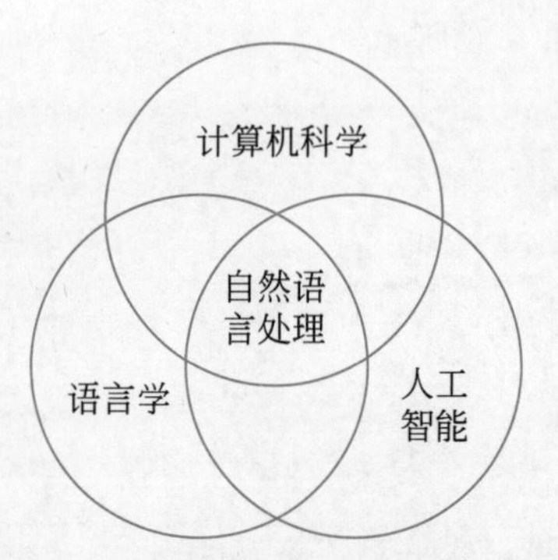

图 5.7　自然语言处理的交叉学科关系

2）自然语言处理的原理

自然语言处理实际上是让计算机理解自然语言，其处理机制包括自然语言理解和自然语言生成两个过程。前者是指计算机可以理解自然语言文本的意义；后者是用自然语言文本表达给定的意思。自然语言处理的具体应用和表现形式有机器翻译、文本摘要、文本分类、文本校对、信息抽取、语音合成和语音识别等。

自然语言的理解分析表现为层次化的过程，如图 5.8 所示。为了更好地展现语言本身的构成，通常这一过程被划分为语音分析、词法分析、句法分析、语义分析和语用分析五个层次。

图 5.8　自然语言理解分析

自然语言生成主要可以划分为三个阶段。

（1）文本规划。对结构化数据中基础内容进行规划。

（2）语句规划。从结构化数据中组合语句，表达信息流。

（3）实现。产生语法通顺的语句来表达文本。

3）自然语言处理技术分类

（1）基础技术包括以下几种。

① 词法分析。主要包括词性标注和词义标注，其中词性是词汇的基本属性。判断给定句子中的每个词的语法范畴并确定词性，进行词性标注，在标注时通常使用基于规则或基于统计的方法。词义标注的方法与词性标注相似，关键在于解决一些多义词在具体语境中的意思选择问题。标注步骤一般为先确定语境，然后明确语义。

② 句法分析。其主要任务是判断句子的句法结构和组成句子的各成分，以明确它们之间的相互关系。句法分析通常分为完全句法分析和浅层句法分析。完全句法分析是通过一系列的句法分析过程，确定句子包含的所有句法信息，并确定句子中各成分之间的关系，最终得到一个句子的完整的句法树。浅层句法分析又称为部分句法分析或语块分析，只要求识别出语块即可，也就是句子中结构相对简单的成分，如动词短语、非递归的名词短语等。

③ 语义分析。语义分析是指根据上下文，通过句子的句法结构和句子中每个实词的词

义判断该句子的意义，并以某种形式表示，即将自然语言转化为能够被计算机理解的形式语言。句子的分析与处理过程主要采用“句法语义一体化”的策略，另外还有一些会采用“先句法后语义”的方法。

④ 语用分析。语用是指人在一定的语境下对语言的具体运用，分析并研究语言使用者的用意，它与语境、语言使用者的知识涵养、言语行为、想法和意图均有关，是对自然语言的深层理解。语境分析主要包括情景语境和文化语境两个方面；篇章分析不仅要分析单个句子，还要理解和分析段落以至于整篇文章。

(2) 应用技术包括以下几种。

① 机器翻译。机器翻译是指利用计算机把一种自然语言转变为另一种自然语言的过程。也就是实现源语言和目标语言之间的转变。其研究的目标就是建立有效的自动翻译方法、模型和系统，最终实现任意时间、任意地点和任意语言下的自动翻译，实现人们无障碍自由交流。

② 信息检索。信息检索是指在信息集合中，查找满足用户信息需求的过程和技术。

③ 文本情感分析。情感分析是一种广泛的主观分析，它通过自然语言处理技术对带有情感色彩的主观性文本进行分析，如识别客户评论的语义情感、语句表达的正负面情绪以及通过语音分析或书面文字判断其表达的情感等。

④ 自动问答。自动问答是指利用计算机自动回答用户所提出的问题，以满足用户的知识需求。不同于现有的搜索引擎，问答系统是一种高级的信息服务，系统返回用户的是精准的自然语言答案，而不再是基于关键词匹配排序的文本。

⑤ 自动文摘。自动文摘是指通过计算机将给定的一篇文档或多篇文档进行自动分析、提炼，最终总结出一篇长度较短、可读性良好的文本摘要，该摘要中的句子可直接出自原文，也可重新撰写。

⑥ 信息抽取。信息抽取是指从网页、新闻、论文文献、微博等非结构化或半结构化文本中提取特定的事件或事实信息，并通过信息合并、消除冗余和冲突消解等手段将非结构化文本转换为结构化信息的一项综合技术。

⑦ 文本挖掘。文本挖掘的准备工作由文本收集、文本分析和特征修剪三个步骤组成，文本挖掘是信息挖掘的一个研究分支，主要是从原本未经处理的文本中提取出未知的知识。目前研究和应用最多的文本挖掘技术有文档聚类、文档分类和摘要抽取。

⑧ 语音识别。语音识别是指利用语音的统计和语法属性区分不同语言的文本。语音识别也可以被认为是文本分类的特殊情况。

4) 自然语言处理的应用

(1) 知识图谱。知识图谱因其能够描述复杂的关联关系而被广泛应用，如图5.9所示。主要被用在搜索引擎中，以丰富搜索结果，并体现搜索结果之间的关联性，这也是Google提出知识图谱的初衷。另外在微软小冰、苹果Siri等聊天机器人中使用的也是知识图谱技术，其中最为典型的是IBM Watson。知识图谱可以按照应用方式，将其分为语义搜索、知识问答以及基于知识的大数据分析和决策等。

自然语言处理的应用

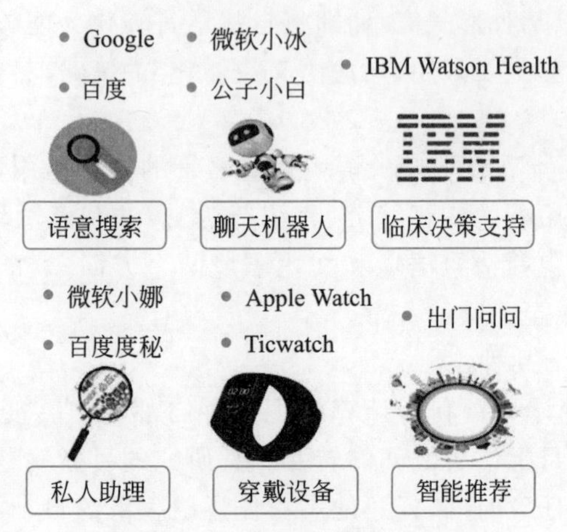

图 5.9　自然语言处理的应用

Google、百度等在搜索结果中嵌入知识图谱，丰富搜索结果，就是语义搜索利用建立大规模知识库对搜索关键词和文档内容进行语义标注。知识的问答必须要基于知识库，通过对提问句子的语义分析，将其解析为结构化的询问，在已有的知识库中获取答案。知识图谱在大数据的分析和决策方面起到了辅助作用，国内的典型应用是，美团点评利用数十亿条商家和商品的用户评论数据构建知识图谱，使其成功连接了数千万用户和商家，成为国内最大的服务业电商平台。

（2）机器翻译。随着通信技术与互联网技术的快速发展、信息量的急剧增加以及国际联系愈加紧密，语言障碍成为跨语言交流的突出问题。随着以百度翻译为代表的机器翻译软件的出现，如图 5.10 所示，以其效率高、成本低的优点满足了人类对于全球各国多语言快速翻译的需求。机器翻译作为自然语言信息处理的一个分支，能够轻松地将一种语言的文本转换为另一种语言的文本。目前，翻译较为高效和准确的主流翻译平台有谷歌翻译、百度翻译和搜狗翻译。

图 5.10　机器翻译

（3）聊天机器人。聊天机器人如图 5.11 所示，是指能通过聊天 App、聊天窗口或语音唤醒 App 进行高效且持续交流的计算机程序，可以实现客户的基本查询功能，且成本较低。常见的有苹果的 Siri 和百度的小度等对话机器人。除此之外，聊天机器人也被应用在一些电商网站上用来充当客服角色，例如，京东客服 Jimi，它能够回答和解决客户对商品的质量投诉、基本信息查询等程式化和高频化的问题，减少了人工客服的任务量，降低了成本。

苹果Siri　　　　小度　　　　京东客服Jimi

图 5.11　聊天机器人

(4) 文本分类。文本分类是指将大量的文档根据其内容或者属性归类为一个或多个类别的过程。这一技术的关键问题是如何构建一个分类函数或分类模型，将未知文档映射到给定的类别空间。如期刊、新闻报道等领域分类。垃圾电子邮件检测是文本分类的重要应用之一，除此之外，腾讯、新浪和搜狐之类的门户网站每天产生的信息杂而多，依靠人工整理分类是很不现实的，此时文本分类技术就显得极为重要。

(5) 搜索引擎。搜索引擎中常常利用到自然语言处理技术，例如，词义消歧、句法分析、指代消解等。搜索引擎的主要任务是根据输入的需求帮助用户找到答案，如图 5.12 所示，是连接人与实体世界的服务桥梁。其最基本的模式是自动化地解析、处理和组织搜集到的内容，并响应用户的搜索请求，找到对应结果。每一个环节都需要用到自然语言处理技术。以百度为例，如用户可以搜"天气""日历""机票"及"汇率"这样的模糊需求，搜索结果将直接在显示界面呈现出来。一方面，搜索引擎利用自然语言处理技术能够快速精准地返回用户的搜索结果，几乎所有的搜索引擎都使用了自然语言处理技术；另一方面，搜索引擎也对自然语言处理技术的发展有促进作用，例如，谷歌和百度在商业上的成功，促进了自然语言处理技术的进步。

图 5.12 搜索引擎

(6) 个性化推荐。自然语言处理可以依据大数据和历史行为记录，分析出用户的特征和兴趣爱好，理解用户意图，同时对语言进行匹配计算，精准预测出符合用户特征和偏好的信息或商品。例如，在新闻服务领域，服务方根据用户单击的内容、阅读时长和评论以及用户所使用的移动设备型号等，全面对用户所关注的信息及核心词汇进行专业的细化分析，从而推送用户极有可能感兴趣的新闻，为用户定制专属于个人的新闻，最终提升用户黏性。

4. 对话机器人的关键技术：语音合成

1）语音合成的概念

语音合成是指通过机械、电子的方式产生人造语音的技术，它能将任意文字信息实时转化为可以听懂的、标准流畅的语音并朗读出来，让机器像人一样开口说话。语音合成主要解决的是如何将文字信息转化为可听的声音信息，它涉及声学、语言学、数字信号处理和计算机科学等多个学科技术，是中文信息处理领域的一项前沿技术。

声音产生之前会在大脑中产生一段高级的神经活动，即先产生说话的意向，然后将意向转换成一系列相关的概念，最后将这些概念组织成语句发音输出。语音合成大致可以分为三类。

(1) 文语转换(text-to-speech)，即按规则从文本到语音的合成。

(2) 概念语音(concept-to-speech)，即按规则从概念到语音的合成。

(3) 意向语音(intention-to-speech)，即按规则从意向到语音的合成。

语音合成技术经历了一个逐步发展的过程，由于目前语音合成的技术还不够成熟，因此研究还只局限在文语转换系统的合成上，也叫作 TTS 系统。

2）语音合成技术的应用

语音合成技术已经在许多领域得到了广泛的应用，并极大地促进了社会的发展。如各种场合的自动报时、自媒体短视频、语音助手、餐饮叫号、电话自动查询服务和文本校对中的语音提示等。传统的电信声讯服务领域中的智能电话查询系统只能通过电话进行静态查询，存在诸多不足，然而使用语音合成技术后，能够满足海量数据和动态查询的需求，可查询一些动态信息，如成绩、热点问题、股票、节目和车站等信息，变得更为智能。儿童故事机、智能平板计算机等设备能与用户进行多语言的对话交流。咨询播报 App 可提供为新闻咨询播报场景而设立的特色音乐库；手机、音箱和计算机等设备可随时用语音播报新鲜资讯。各类打车软件、餐饮叫号和排队软件等应用可通过语音合成进行订单播报，让人们更方便地获取信息。除此之外，还可以将语音合成技术与其他技术相结合，例如，与机器翻译技术结合实现自动语音翻译，与计算机图形图像处理技术结合输出视觉语音等。

5. 智能客服之对话机器人方案设计

1）系统方案设计

针对项目任务进行业务需求梳理分析，通过调用便携式人工智能教学平台内置语音交互接口，完成智能客服之对话机器人系统设计与实现。

系统获取用户语音后，对其进行分析识别，根据识别结果，判断用户的真实意图，选取与用户真实意图对应的对话逻辑策略，最后根据选取的对话逻辑策略输出应答。

图 5.13 所示为智能客服之对话机器人具体实现流程图，包括搭建智能客服环境为程序编写和运行做准备、编写智能客服系统程序、调试智能客服系统程序（如实现系统音量读取、智能客服音量调节）等步骤。

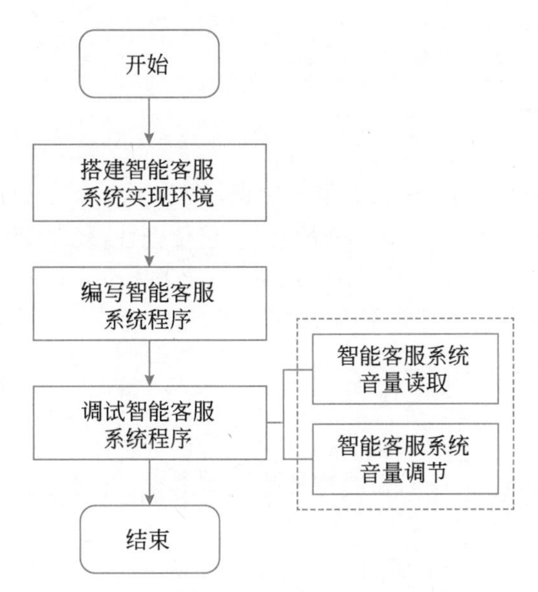

图 5.13 智能客服之对话机器人具体实现流程图

2）系统关键函数说明

如表 5.1 所示，智能客服之对话机器人系统所用的平台内置接口函数及其说明。

表 5.1 函数功能说明表

函　　数	功能说明
SpeechUVSSolver()	语音初始化
asr()	语音转文本
nlp()	语义理解
tts()	文本转语音并播放
get_volume()	获取系统音量
set_volume()	设置系统音量

（1）SpeechUVSSolver()具体介绍如下。

函数功能：语音初始化。

语法格式：SpeechUVSSolver(port＝DeFaultConfig. grpc_port，ip＝ DeFaultConfig. grpc_ip)。

参数说明：

- port（int，optional）——服务端端口。默认 DeFaultConfig. grpc_port。
- ip（string，optional）——跨设备使用 Ai 能力时，可以指定远端设备 IP。默认 DeFaultConfig. grpc_ip。

函数应用示例代码如下：

```
from oneai.SpeechUVSSolver import SpeechUVSSolver      #导入 SpeechUVSSolver 库
solver = SpeechUVSSolver()     #实例化对象
```

(2) asr()具体介绍如下。

函数功能:语音转文本。

语法格式:asr(listen_time, end_vad)。

参数说明:

- listen_time(int, must)——监听最大时长,单位毫秒,不能超过60000。
- end_vad(int, must)——结束vad的时长,单位毫秒,最大1500。

返回:{"return":1/0, "result":"message"},字典;return——返回执行成功与否;result——为监听到的内容。

(3) nlp()具体介绍如下。

函数功能:语义理解。

语法格式:nlp(text)。

参数说明:text(string, must),需要理解的文本内容,当前只支持星座、诗词、日期节日三种领域。

返回:{"return":1/0, "result":"json"},字典;return——返回执行成功与否;result——理解到的结果,为json格式,用户可根据需要提取json的具体内容。

(4) tts()具体介绍如下。

函数功能:文本转语音并播放。

语法格式:tts(text)。

参数说明:text(string, must),需要转化为语音的文本。

返回:{"return":1/0, "result":"message"},字典;return——返回执行成功与否;result——为具体的提示语。

(5) get_volume()具体介绍如下。

函数功能:获取系统音量。

语法格式:get_volume()。

参数说明:无。

返回:{"return":1/0, "result": volume},字典;return——返回执行成功与否;result——获取到的系统音量。

(6) set_volume()具体介绍如下。

函数功能:设置系统音量。

语法格式:set_volume(volume)。

参数说明:volume(int, must),需要设置的音量,0～150,最好不要超过100。

返回:{"return":1/0, "result": "message"},字典;return——返回执行成功与否;result——提示文本。

项目准备

1. 硬件准备

(1) 一台便携式人工智能教学平台,硬件版本1.0以上。

(2) 一个音频播放装置(音箱)。

2. 软件准备

便携式人工智能教学平台软件系统,软件版本 V1.1 以上,Python 3.6.9。

任务 5.1 搭建智能客服环境

1. 相关库说明

本次任务需要使用便携式人工智能教学平台的内置语音交互应用程序接口(application programming interface,API)SpeechUVSSolver,该接口主要负责语音交互服务。同时还需要 json 包,用于 json 格式(一种轻量级的数据交换格式)的解包。本次任务要用到的包都已经预装在便携式人工智能教学平台中,无须单独安装。

2. 创建语音合成及发声源文件

每次执行语音信号处理编程任务时,需要独立建立源文件,具体步骤如下。

【第一步】双击桌面的 JupyterLab 打开网页。

【第二步】在文件栏的左上角单击加号,在弹出的页面中选择 Notebook 目录下的 Python 3,新建一个 Python 3 Notebook,如图 1.17 所示。

【第三步】生成一个空白的待编辑文件,如图 5.14 所示,在光标处即可编辑后续程序。

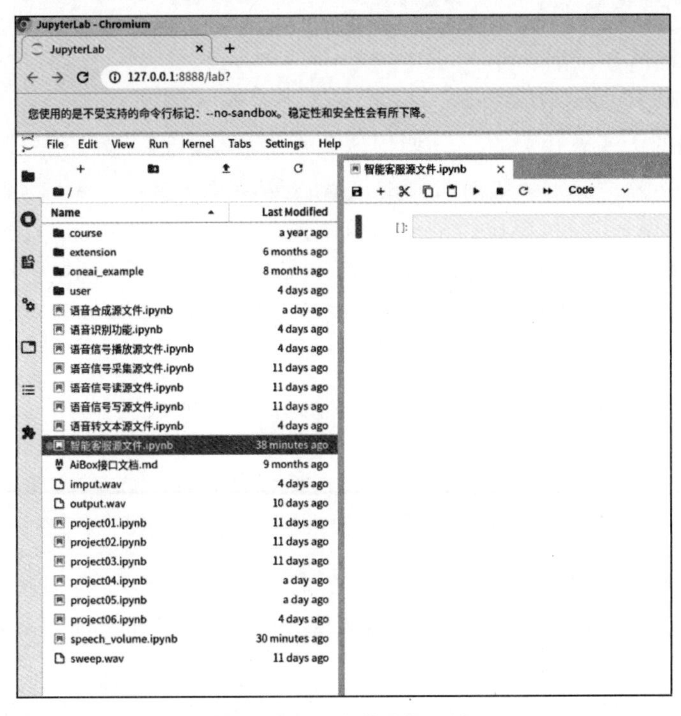

图 5.14 空白待编辑程序

任务5.2 智能客服的实现

1. 编辑智能客服源代码

本任务是实现用户和机器人的语言交流。作为智能客服，机器人将具备语音识别（ASR）、语义理解（NLP）和文本转语音（TTS）功能。机器人将用户的声音作为收到的指令，并理解该指令的语义，进而对用户的指令加以回答。便携式人工智能教学平台支持星座、诗词和节日三个领域的相关指令。为了完成该任务，程序编写具体步骤如下。

【第一步】导入所需的库函数，并初始化声卡。代码如下：

```
from oneai.SpeechUVSSolver import SpeechUVSSolver    #导入 SpeechUVSSolver 库
import json    #导入 json 包
import os    #导入 os 模块
os.system("init_card2 >/dev/null 2>1")    #初始化声卡
original_stderr = os.dup(2)    #复制标准错误文件描述符
nulf = open(os.devnull,'w')    #打开/dev/null,获取/dev/null 的文件描述符
```

【第二步】初始化。代码如下：

初始化即实例化对象，用 SpeechUVSSolver 这个类创建一个实体，以操作其中的函数。

```
solver = SpeechUVSSolver()    #实例化对象
```

【第三步】实现语音识别功能。

为了能够实现智能客服功能，第一步是让机器人能听懂用户说的话。因此，需要用到 asr 函数。将听到的语音转化为文字。调用该函数后，机器人将等待用户的语音输入，即可面对着麦克风说话，随后 asr 函数将听到的语音内容转化为文字。asr 函数共有两个参数：第一个参数为最长说话时间，单位为 ms，取值范围为 10000～60000ms；第二个参数为话音结束端点检测时间，单位为 ms，取值范围为 700～2000ms。如果设置为 1500ms，则当用户不再说话，不再有语音信息输入后，再延迟 1500ms，则认为用户输入结束，开始下一步的识别环节。代码如下：

```
print("请说话")    #在屏幕上显示提示语"请说话",开始采集声音
result = solver.asr(20000, 1500)    #以 20000 ms 采音时长,1500 ms 话音结束端点检测进行语音识别
print("识别到的内容:{}".format(result))    #将识别到的内容,在屏幕上显示
```

asr 函数返回值的数据类型为“字典型”。内容为：{'return'：1, 'result'：识别内容}。当返回值为是 1 时，则识别成功；是 0 时为失败。result 变量中存储的就是识别结果。

【第四步】数据格式的判断。

编写函数 is_json，该函数输入为数据 data，输出为数据 data 的判断结果，该函数输出量的数据类型为布尔值，即“是”或者“否”。当输入数据为 json 格式，则返回“是”；当输入数据

不是 json 格式，则返回“否”。

```
def is_json(data):      # 自定义函数，函数名为 is_json
    # 执行下一行语句时，判断一下是否成功，如果成功则运行“return True”语句。
    # 如果不成功则运行“except”后面的语句。
    try:
        json.loads(data)      # 解 json 文件
    except Exception as e:      # e 为访问异常的错误编号和详细信息
        return False      # 返回错误
    return True      # 返回正确
```

【第五步】运行 asr()转换语音到文字。

运行 asr()转换语音到文字代码如下：

```
print("请下语音指令:", end = "")      # 屏幕显示提示语
result = solver.asr(20000, 1500)      # 以 20000 ms 采音时长，1500 ms 语音结束端点检测进行语音
                                        识别
```

【第六步】实现语音理解。

在判断 asr()语音转换文字成功后，即可提取转换内容，并赋给 NLP 进行语音理解。代码如下：

```
if result["return"] = = True:      # 判断语音转换文字是否成功
    result = result["result"]      # 将返回的翻译文字赋给 result
# ---------------------------------------------------------------
# 返回的结果 result 形式将为[“用户输入的话”]，需要仅保留用户输入的话，将[“”]这些符号全部替
  换为空白，删除多余符号
    result = result.replace("[", "")
    result = result.replace('\"', "")
    result = result.replace("]", "")
# ---------------------------------------------------------------
    print(result)      # 屏幕显示输出“识别语言结果”
    result = solver.nlp(result)      # 返回的结果在赋给 NLP 语义理解模块
    print(result)      # 屏幕显示输出“识别语言结果”，这里返回的是机器人语音理解后的识别结果
```

【第七步】实现文字转换。

在判断 NLP 成功实现语音转换文字后，即可提取 json 格式内容，再将提取的内容赋给 TTL 进行文字转语音，进而实现语音播放。该段代码将按照图 5.15 所示的流程图进行编写。

代码如下：

```
    if result["return"] = = True:      # 判断语音理解是否成功
        if is_json(result["result"]):      # 判断返回的是否为 json 格式
            data = json.loads(result["result"])      # 返回的内容是 json，所以需要解 json
    else:
        data = result["result"]
```

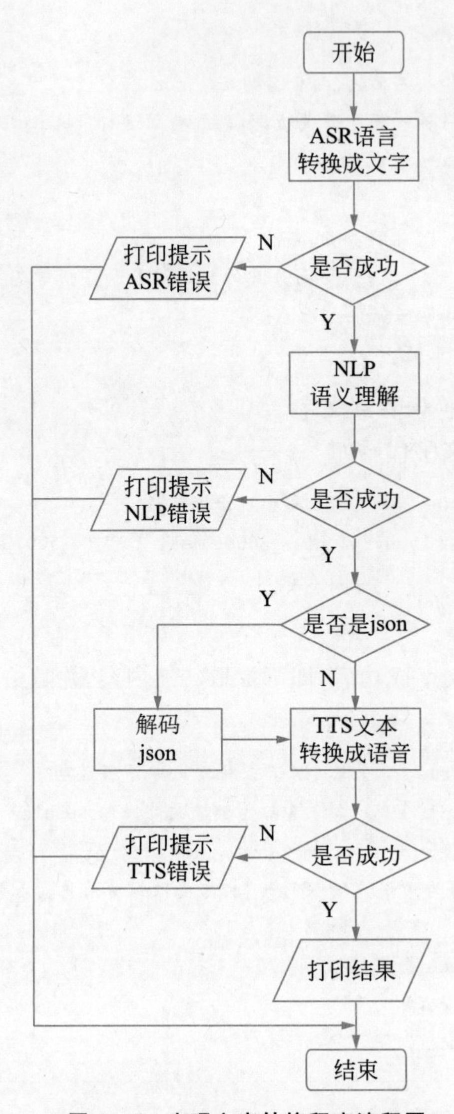

图 5.15　实现文字转换程序流程图

```
fulfillment = data["fulfillment"]      #按照 json 格式解包
message_array = fulfillment["messages"]
for msg in message_array:
    if "text" = = msg["type"]:
        para = msg["parameters"]
        #将 json 转换为字符串
        para = json.dumps(para, ensure_ascii = False)
        para = para.replace("content", "")
        para = para.replace("\"", "")
        para = para.replace("{", "")
        para = para.replace("}", "")
        para = para.replace(":", "")
```

```
                para = para.replace("speech", "")
                para = para.strip()
                result = solver.tts(para)      #将结果赋给 tts 朗读
                os.dup2(original_stderr, 2)
                if result["return"] == True:      #判断 tts 是否转换成功
                    print(result["result"])      #屏幕输出"result"
                else:
                    #屏幕输出错误提示
                    print("Tts is error: %s" %result["result"])
        else:
            result = solver.tts(content)
            if result["return"] == True:
                    print(result["result"])      #屏幕输出"result"
            else:
                    #屏幕输出错误提示
                    print("Tts is error: %s" %result["result"])
    else:
        print("NLP is error: %s" %result["result"])      #屏幕输出错误提示
else:
    print("ASR is error: %s" %result["result"])      #屏幕输出错误提示
```

2. 调试运行智能客服源代码

运行如上程序，用户可以和机器人实现语音互动。完成该功能具体步骤如下。

【第一步】星座领域相关语音指令的运行。

程序运行后，首先看到的是一个等待语音输入的界面，如图 5.16 所示。

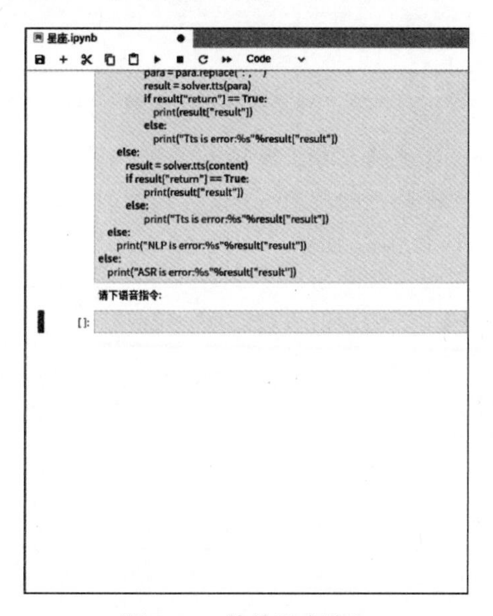

图 5.16 等待语音输入

对便携式人工智能教学平台说“今天是什么星座”，可以看到打印出所识别的语音文字以及 NLP 所返回的信息，并且听到回复“今天出生的人是处女座星座哦”，如图 5.17 所示。

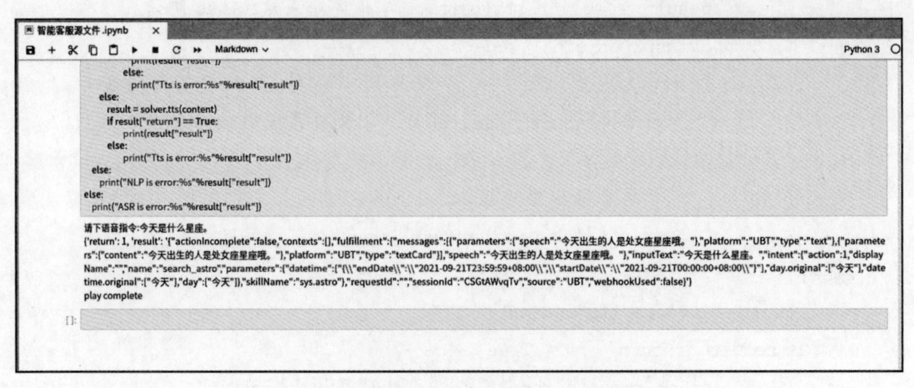

图 5.17　星座领域相关语音指令运行结果

【第二步】诗歌领域相关语音指令的运行。

再次运行该程序，单击如图 5.18 中所示的框内运行按钮，会直接覆盖上次识别内容，重新进行语音交互。

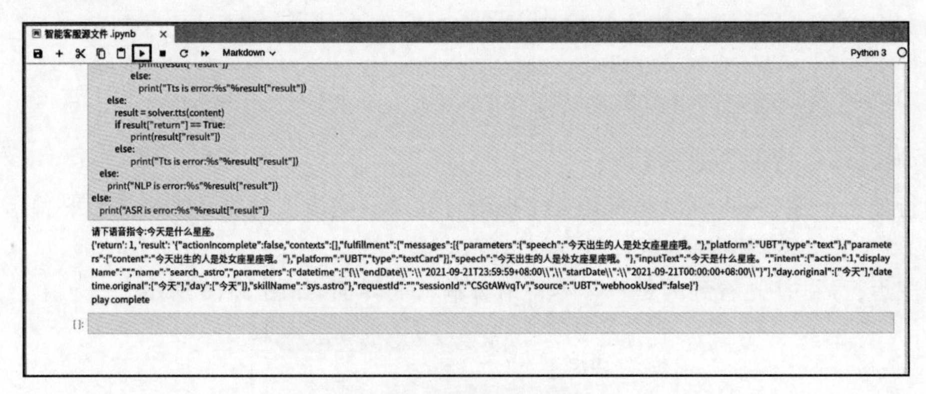

图 5.18　重新运行结果

再次运行程序进行测试，对便携式人工智能教学平台说“静夜思全文”，可以看到打印出所识别的语音文字以及 NLP 所返回的信息，并且听到回复“《静夜思》的全文如下：床前明月光，疑是地上霜。举头望明月，低头思故乡。”，运行结果如图 5.19 所示。

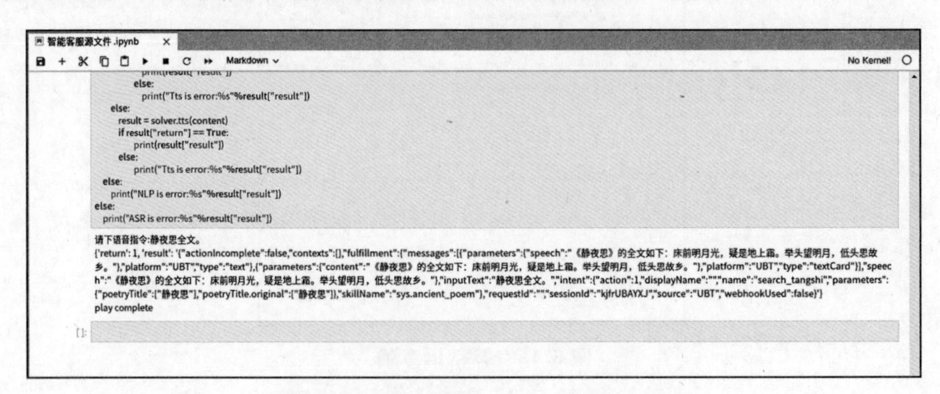

图 5.19　诗词领域相关语音指令运行结果

【第三步】节日领域相关语音指令的运行。

关闭第二步的运行结果后，再次运行程序进行测试，对便携式人工智能教学平台说“国庆节是哪一天”，可以看到打印出所识别的语音文字以及 NLP 所返回的信息，并且听到回复“国庆节在 2021 年 10 月 01 日星期五哦”，运行结果如图 5.20 所示。

```
智能客服源文件.ipynb
Markdown    Python 3
            print(result["result"])
        else:
            print("Tts is error:%s"%result["result"])
    else:
        result = solver.tts(content)
        if result["return"] == True:
            print(result["result"])
        else:
            print("Tts is error:%s"%result["result"])
  else:
    print("NLP is error:%s"%result["result"])
else:
  print("ASR is error:%s"%result["result"])
请下语音指令:国庆节是哪一天。
{'return': 1, 'result': '{"actionIncomplete":false,"contexts":[],"fulfillment":{"messages":[{"parameters":{"speech":"国庆节在2021年10月01日星期五哦。"},"platform":"UBT","type":"text"},{"parameters":{"content":"国庆节在2021年10月01日星期五哦。"},"platform":"UBT","type":"textCard"}],"speech":"国庆节在2021年10月01日星期五哦。"},"inputText":"国庆节是哪一天。","intent":{"action":1,"displayName":"","name":"search_festival_date","parameters":{"datetime":["{\\"endDate\\":\\"2021-10-01T23:59:59+08:00\\",\\"startDate\\":\\"2021-10-01T00:00:00+08:00\\"}"],"datetime.original":["国庆节"],"festival":["国庆节"],"festival.original":["国庆节"]},"skillName":"sys.holiday"},"requestId":"","sessionId":"3myp890Cmc","source":"UBT","webhookUsed":false}'}
play complete
[ ]:
```

图 5.20　节日领域相关语音指令运行结果

任务 5.3　系统音量读取

1. 编辑系统音量读取源代码

智能客服机器人使用的环境不同，用户对其发声的音量大小需求也就不同。可以通过编程实现系统当前音量的大小取值，为后续实现音量调节功能打下基础。完成该功能的具体步骤如下。

【第一步】导入相关库函数。代码如下：

```
import pulsectl
import os
```

【第二步】当前音量获取。

实例化对象后，使用 get_volume 函数得到系统的音量，将返回一个正整数，代表音量值，取值范围为 0%～100%，代表了当前音量为系统最大音量的百分比。代码如下：

```
def get_volume():     #定义获取应用的函数 get_volume
with pulsectl.Pulse('volume-info') as pulse:     #读取系统的音量信息以 pulse 命名该对象
default_sink = pulse.sink_list()[0]     #获取默认的音频输出设备
volume = pulse.volume_get_all_chans(default_sink)     #输出设备当前的音量
return volume     #返回音量值
if_name_ = = "_main_":     #主函数
    volume = get_volume()     #调用方法获取应用
    print(f"音量:{round(volume * 100,2)}%")     #打印音量
```

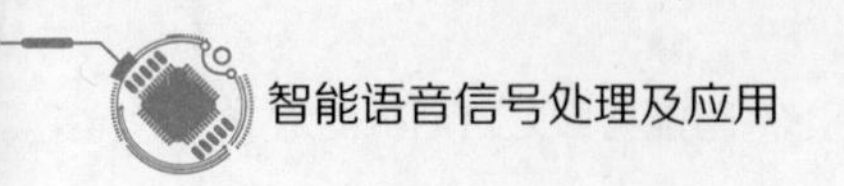

2. 调试运行系统音量读取源代码

运行以上代码后,即可读取出当前系统音量的取值。如图 5.21 所示,该系统当前音量值为 100%,为最大音量。

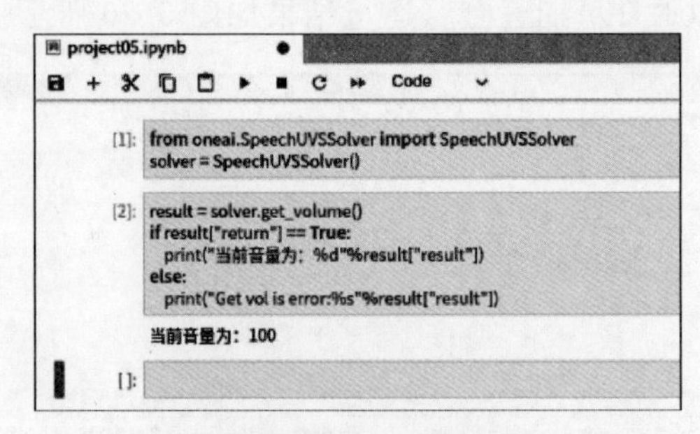

图 5.21 读取当前系统音量值运行结果

任务 5.4 智能客服的音量调节

1. 编辑系统音量读取源代码

读取了当前系统的声音值后,如果对该音量大小不满意,则可以通过编辑如下程序实现调节。为实现该功能,具体步骤如下。

【第一步】导入相关库。代码如下:

```
import pulsectl    #导入相关库
```

【第二步】音量设置。

实例化对象后,使用 set_volume 函数设置系统音量 0%～100%,并使用 get_volume 函数检查音量是否设置成功,再次运行"任务 5.2"中的智能客服程序,即可感受到音量的变换。代码如下:

```
def set_volume(change):
with pulsectl.Pulse('volume - control') as pulse:
default_sink = pulse.sink_list()[0]    #获取默认的音频输出设备
volume = pulse.volume_get_all_chans(default_sink)    #获取当前音量
#音量以 0-1 的浮点数表示,因此如果变化量的绝对值大于 1,要手动将其处理为合法范围内的值
while abs(change) >= 1:
    change * = 0.1
    print(f'tunning change: {change}')
    volume + = change
    # 音量最终不可以低于 0 且不可以大于 1
    if volume < 0:
        volume = 0
    elif volume > 1:
        volume = 1
    print(f'new volume: {volume}')
    pulse.volume_set_all_chans(default_sink, volume)    #设置新音量
```

```
if_name_ = = "_main_":
    volume_change = -10    #增加音量
    set_volume(volume_change)
```

2. 调试运行系统音量读取源代码

运行以上程序，即可调节系统的音量大小，如图 5.22 所示，经过调节系统音量降低为 20%。

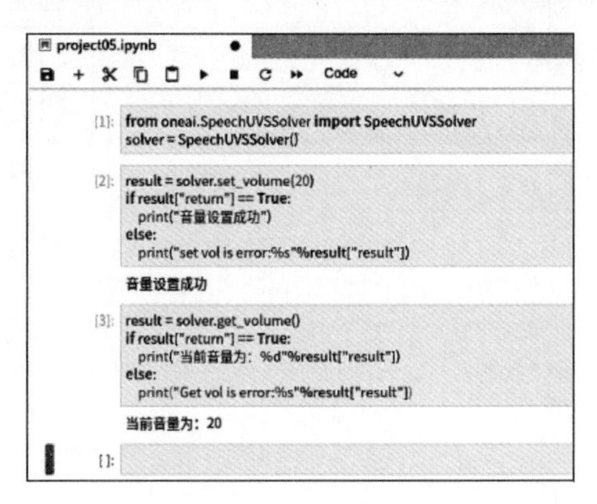

图 5.22 调节系统的音量大小运行结果

项目评价

完成本项目中的学习任务后，请对学习过程和结果的质量进行评价和总结，并填写评价反馈表。自我评价由学习者本人填写，小组评价由组长填写，教师评价由任课教师填写。

<table>
<tr><th>班级</th><th></th><th>姓名</th><th></th><th>学号</th><th></th><th>日期</th><th></th></tr>
<tr><td rowspan="10">自我评价</td><td colspan="5">1. 是否能对机器说“今天是什么星座”，得到语音形式的机器语音反馈“今天出生的人是处女座星座哦”</td><td colspan="2">□是 □否</td></tr>
<tr><td colspan="5">2. 是否能对机器说“静夜思全文”，得到语音形式的机器语音反馈《静夜思》的全文</td><td colspan="2">□是 □否</td></tr>
<tr><td colspan="5">3. 是否能对机器说“国庆节是哪一天”，得到语音形式的机器语音反馈“国庆节在 2021 年 10 月 01 日星期五哦”</td><td colspan="2">□是 □否</td></tr>
<tr><td colspan="5">4. 是否能通过程序读取并显示当前系统音量大小</td><td colspan="2">□是 □否</td></tr>
<tr><td colspan="5">5. 是否能改变当前系统音量为 20%</td><td colspan="2">□是 □否</td></tr>
<tr><td colspan="7">6. 在完成任务时遇到了哪些问题？是如何解决的</td></tr>
<tr><td colspan="5">7. 是否能独立完成工作页的填写</td><td colspan="2">□是 □否</td></tr>
<tr><td colspan="5">8. 是否能按时上、下课，着装规范</td><td colspan="2">□是 □否</td></tr>
<tr><td colspan="5">9. 学习效果自评等级</td><td colspan="2">□优 □良 □中 □差</td></tr>
<tr><td colspan="7">总结与反思：</td></tr>
</table>

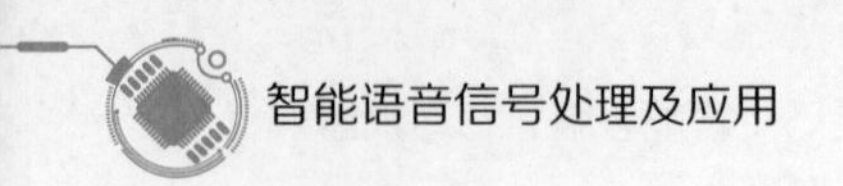

续表

小组评价	10. 在小组讨论中能积极发言	□优 □良 □中 □差
	11. 能积极配合小组完成工作任务	□优 □良 □中 □差
	12. 在查找资料信息中的表现	□优 □良 □中 □差
	13. 能够清晰表达自己的观点	□优 □良 □中 □差
	14. 安全意识与规范意识	□优 □良 □中 □差
	15. 遵守课堂纪律	□优 □良 □中 □差
	16. 积极参与汇报展示	□优 □良 □中 □差
教师评价	综合评价等级： 评语： 教师签名： 日期：	

项目拓展

尝试询问系统星座、诗词和节日三个领域的其他问题，并采用90%的音量让机器人进行回答交流。

项目小结

智能客服实现了用户和机器人的交互，该功能的实现涉及语音识别(ASR)、语义理解(NLP)和文本转语音(TTS)等功能的协作。

习　题

一、填空题

1. 语音识别分为________和________两步，第一步是学习的过程，根据识别系统的类型进行识别方法的选择和语音特征参数的分析后将其存储，作为标准模式库，该库被称为__________；第二步对输入语音进行识别。

2. 自然语言处理属于________的一种，融合了________、人工智能以及语言学，主要通过计算机处理、理解和运用中文、英文等语言。

3. 文本挖掘的准备工作由文本收集、________和________三个步骤组成，文本挖掘是信息挖掘的一个研究分支，主要用从原本未经处理的文本中提取出未知的知识。

4. 知识图谱的划分可以按照应用方式，将其分为________、________以及________等。
5. 语音合成大致可以分为三类：________、概念语音、________。

二、选择题

1. 语音识别可以从不同角度进行划分，下列(   )分类是错误的。
   A. 按识别环境划分　　B. 按识别单位划分
   C. 按识别时长划分　　D. 按传输系统划分
2. 搜索引擎中常常使用的自然语言处理技术不包括(   )。
   A. 词义消歧　　B. 图像理解
   C. 句法分析　　D. 指代消解
3. 以下不属于自然语言处理的主要任务的是(   )。
   A. 人脸识别　　B. 机器翻译
   C. 信息检索　　D. 智能问答
4. 语音合成系统的特性有(   )。
①合成单元；②合成参数；③合成音节；④合成音质
   A. ①②③　　B. ②③④
   C. ①②④　　D. ①②③④
5. 以下不属于文本分类方法的应用的是(   )。
   A. 情感分析　　B. 意图识别
   C. 问答匹配　　D. 以上选项都是

三、判断题

1. 语音识别是将语音输入至智能设备，通过其对语音信号进行识别和理解为文本或命令的技术。(   )
2. 自然语言处理的具体应用和表现形式有机器翻译、文本摘要、文本分类、文本选择、信息抽取、语音合成、语音识别等。(   )
3. 自然语言处理可以依据大数据和历史行为记录，分析出用户的特征和兴趣爱好，理解用户意图，同时对语言进行匹配计算，实现精准预测符合用户特征和偏好的信息或商品。(   )
4. 自然语言生成主要可以划分为两个阶段：文本规划和实现。(   )
5. 语音合成解决的主要问题就是如何将文字信息转化为可听的声音信息，它涉及声学、语言学、数字信号处理、计算机科学等多个学科技术，是中文信息处理领域的一项前沿技术。(   )

四、简答题

1. 自然语音处理过程分为几个层次？各层次的功能如何？
2. 简述智能客服程序的操作步骤。

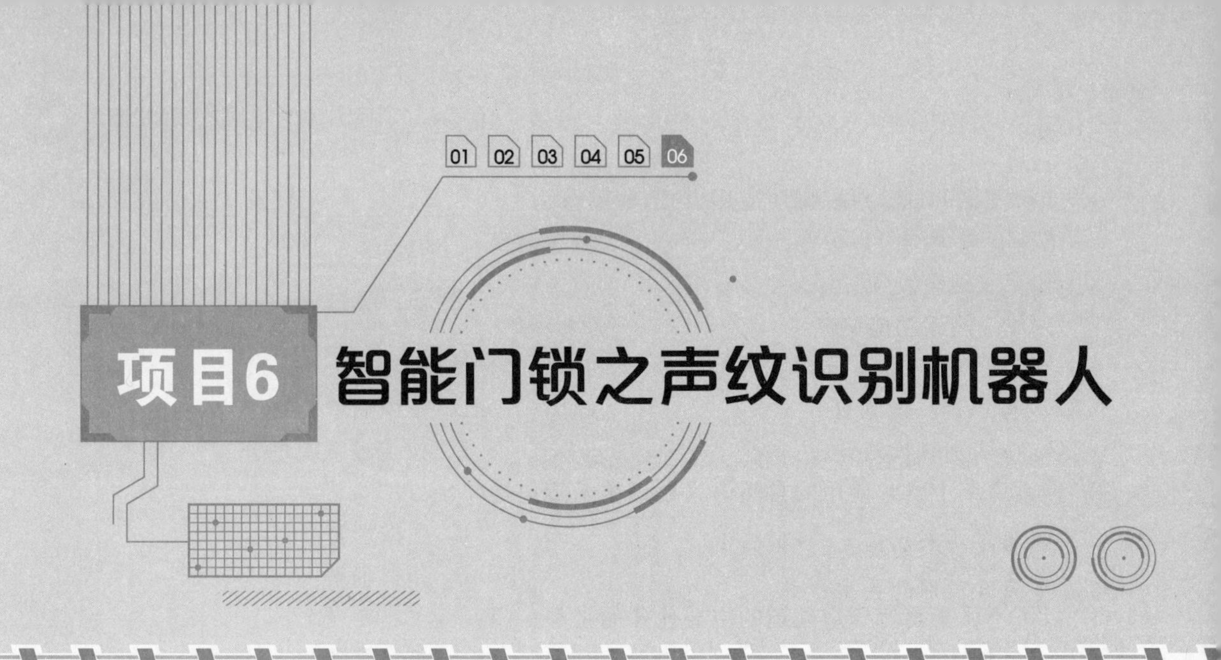

项目6 智能门锁之声纹识别机器人

项目导入

智能门锁是指在传统机械锁的基础上改进的，在用户安全性、识别性和管理性方面更加智能化、简便化的锁具。声音特征为关键的用户生物特征，具有不可替代性，利用声纹特征制作完成智能门锁，用户再也不必担心忘了带钥匙或者为钥匙丢失而烦恼，只需对声纹识别机器人说句话，即可完成人员身份识别。实用场景包括银行、政府部门、酒店、学校宿舍、居民小区、别墅和宾馆等，是智能家居、智能旅店/酒店和智能建筑的关键应用场景。声纹验证如图 6.1 所示。

图 6.1 声纹验证

项目任务

声纹锁的设计与实现，是基于智能语音技术实现加密功能，是智能语音的行业应用实例。本项目需要完成以下任务。

(1) 完成环境配置，导入所需的库函数。

(2) 完成20个音频特征的提取。

(3) 编写录音函数。

(4) 编写实现声纹锁程序的界面。

(5) 完成声纹锁功能测试。

学习目标

1. 知识目标

- 掌握声纹识别的概念、应用流程。
- 了解声纹识别的关键技术。
- 了解声纹识别的典型模型。

2. 能力目标

- 掌握智能声纹锁识别的设计方法。
- 掌握智能声纹锁识别的实现流程。
- 能调用相关函数库完成智能声纹锁系统程序设计及其功能测试。

知识链接

1. 声纹识别简介

1) 声纹识别的定义

声纹识别的关键技术

声纹识别也是说话人识别，是一种利用听到的声音来判断说话人身份的技术。与识别人脸和指纹不同，声纹的差异不是直观可见的，但是因为不同人的声道、口腔和鼻腔不同，发出的声音也就具有差异。一般来说，如果声音的发射器是口腔，接收器为人耳，则人耳生来就能进行声音的判别。

声纹识别的理论基础是每个声音的独特特征。由于每一个声音本身均具备特有的特征，因此在区分不同人的声音时可以利用该特征辨别人的身份。该特征主要取决于两个方面。一是声腔的尺寸，咽喉、鼻腔和口腔等器官形状、尺寸和位置影响着声带张力的大小和声音频率的范围，所以同样的话让不同的人说，由于其声音的频率分布不同，就出现了有的人声音低沉，有的人声音洪亮。而且发声腔的不同，也导致了人声音的独特性。二是发声器官被操纵的方式。其中唇、齿、舌、软腭及腭肌肉等都属于发声器官，这些发声器官之间在说话时会相互协作，从而发出清晰的声音，但由于每个人在成长过程中自身会对器官间相互协作的方式进行学习，该协作方式的不同也就导致了每个人的声音不同，得到了属于自己的声纹特征。

从理论上看，声纹类似于指纹，几乎不可能存在两个人有着同样的声纹。不同的识别系统有着不同的特点，如表6.1所示。

表 6.1 识别系统特点分析

类　别	采样便利性	准确率	采集成本	采集是否接触	远程识别	造假难度	用户接受度
声纹识别	高	高	低	非接触式	是	高	高
指掌纹系统	高	高	高	接触式	否	低	高
虹膜识别	低	高	中	非接触式	否	中	中
人脸识别	高	中	中	非接触式	是	低	高
DNA 识别	中	极高	高	接触式	否	—	低

2）*声纹识别的分类*

从技术实现功能上来看，声纹识别技术可分为说话人确认和说话人辨认两类，即“1∶1”和“1∶N”。前者是确认某段音频是否为某个人所说；后者则是判断某段音频是若干人中的哪一个人所说。不同的功能适用于不同的应用领域，比如应用于金融领域的交易确认、账户登录、身份核验等用到的是“1∶1”功能；应用于公安领域中重点人员布控、侦查破案、反电信欺诈、治安防控、司法鉴定等经常用到的是“1∶N”功能。

从识别应用场景上看，声纹识别技术可分为文本相关和文本无关两类。与文本有关的声纹识别系统要求说话人按照规定的内容发音，每个人的声纹模型被逐个精确地建立，而识别时也必须按规定的内容发音，因此可以达到较好的识别效果，但系统需要用户配合，如果用户的发音与规定的内容不符合，则无法正确识别该用户。与文本无关的识别系统则不规定说话人的发音内容，其模型建立相对困难，但用户使用方便，可应用范围较宽。

3）*声纹识别的应用流程*

声纹识别的主要任务包括：语音信号预处理、声纹特征提取、声纹建模、声纹比对、判别决策等。声纹识别在应用中分为注册和验证两个主流程，根据不同的应用，部分处理流程会有些差异。

利用声纹特征进行用户身份识别的过程如图 6.2 所示。用户录制语音后，系统进行语音检测、噪声抑制和特征提取等操作，并进行声纹注册和声纹辨认，这一过程中需要依靠声纹模型，并进行声纹匹配。经过声纹匹配的语音信号会得到一个相似度得分，根据得分的高低，可以判断系统新接收到的多人的声音是否为原先记录的用户，进而判断使用人的身份。

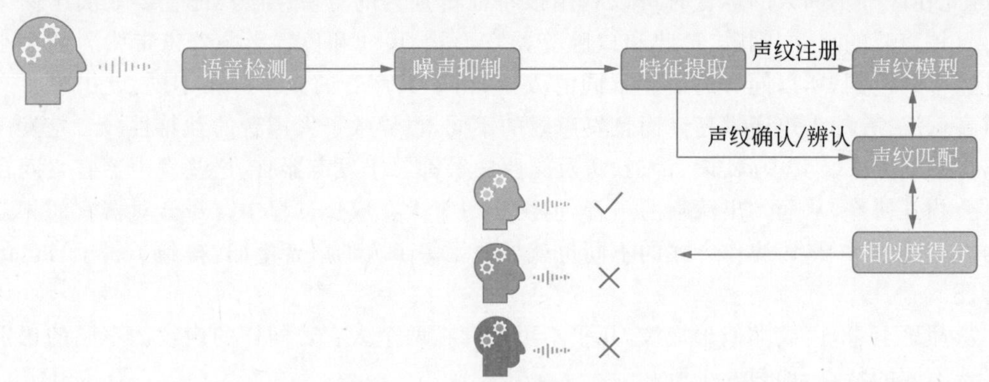

图 6.2 用户身份识别过程

2. 声纹识别关键技术

从声纹识别技术应用流程来看，其关键技术在于语音信号预处理后的特征参数提取和系统识别过程中的模式匹配识别判断技术。

1）特征参数提取

特征参数提取的目的是从说话人语音中提取出能够表征说话人特定器官结构或习惯行为的特征参数，该特征参数对同一说话人具有相对稳定性。目前常用于语音特征参数提取的有线性预测倒谱系数（LPCC）和梅尔频率倒谱系数（MFCC）。

（1）线性预测倒谱系数（LPCC）是LPC在倒谱域中的表示，其优点是可以去除语音中的激励信息，能够较好地描述语音信号的共振峰特性，对元音的描述能力较强，但对辅音的描述能力较弱，且抗噪能力差。

（2）梅尔频率倒谱系数（Mel frequency cepstrum coefficient，MFCC）是语音信号处理中最常用的语音信号特征之一，它是一种在自动语音和说话人识别中广泛使用的特征。MFCC是在梅尔标度频域下提取的倒谱参数，是基于人耳对音频感知的特性提出的。MFCC分析主要根据人类的听觉机理，通过进行听觉实验，将实验结果作为分析语音频谱的依据，从而得到更好的语音特性。梅尔频率倒谱系数主要提取流程如图6.3所示。

梅尔频率倒谱系数基本含义

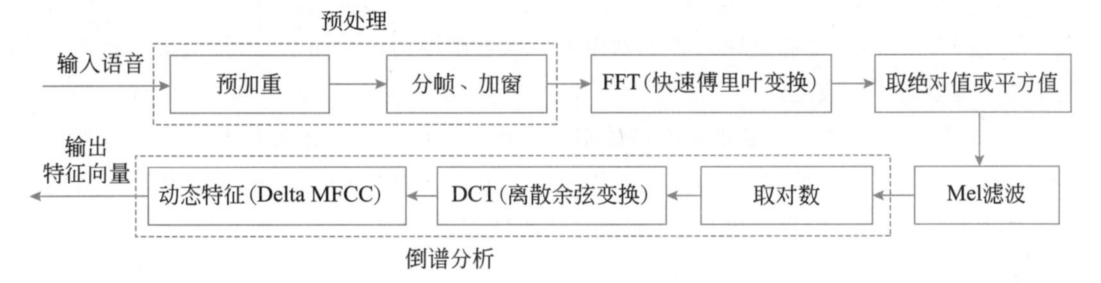

图6.3 梅尔频率倒谱系数提取流程

① 预处理：对语音信号进行预加重、分帧和加窗等预处理操作，目的是加强语音的信号信噪比、处理精度等性能。

② 快速傅里叶变换（FFT）：对预处理后的每个短时分析窗进行FFT变换，得到其对应的频谱，最终获得分布在时间轴上不同时间窗的频谱。

③ Mel滤波：将频谱输入Mel滤波器组后得到Mel频谱，把线性的自然频谱转换为体现人类听觉特性的Mel频谱。

④ 倒谱分析：得到Mel频谱之后，对其进行倒谱分析，主要经过取对数、离散余弦逆变换（DCT）过程（一般取DCT后的第2～13个系数作为MFCC系数），获得帧语音的特征（Mel频率倒谱系数MFCC）。

动态特征Delta值也被称为微分系数，为本项目计算中需要用到的关键参数。梅尔频率倒谱系数只是描述了一帧语音上的能量谱包络，还需要

梅尔频率倒谱系数计算公式

语音信号的动态信息，也就是 MFCC 随着时间改变而改变的轨迹，因此需要动态特征 Delta 值，计算 MFCC 轨迹并把它们加到原始特征中，可以提高语音识别的准确性。详细知识介绍可扫描二维码学习。

2）模式匹配识别

模式匹配识别是声纹识别技术的关键技术之一，模式匹配的主要任务是为每个说话人建立一个声纹模型，将提取出来的特征参数与声纹数据库中已存在的模型进行相似性匹配，根据匹配结果确定说话人的身份。目前针对各种特征提出的模式匹配方法主要有：模板匹配法、概率统计方法、动态时间规整方法、矢量量化方法、神经元网络方法、隐马尔可夫模型方法等。

(1) 模板匹配法的要点是：在训练过程中，从每个说话人发出的训练语句中提取相应的特征矢量作为各说话人的模板。这些特征矢量能充分描写各个说话人的行为，它们可以从单词、数字串或句子中提取。在测试阶段，从说话人发出的语音信号中按同样的处理方法提取测试模板，并且与其相应的参考模板相比较。

(2) 概率统计方法。说话人信息在短时间内较为平稳，通过对稳态特征的统计分析，利用均值、方差等统计量和概率密度函数进行分类判决。这种方法不用对特征参数在时域上进行调整，适合与文本无关的声纹识别。

(3) 动态时间规整方法。说话人信息不仅有稳定因素（发声结构和发音习惯），也有时间因素（语速、语调、重音和韵律），将识别模板与参考模板进行时间对比，按照某种距离测定并得出两模板间的相似度。

(4) 矢量量化方法。矢量量化最早是基于聚类分析的数据压缩编码技术。矢量量化方法把每个人的特定文本编成码本，识别时将测试文本按此码本进行编码，以量化产生的失真度作为判决标准，具有识别精度高、判断速度快的特点。

(5) 神经元网络方法。人工神经网络在某种程度上模拟了生物的感知特性，是一种分布式并行处理结构的网络模型，具有自组织和自学习能力、很强的复杂分类边界区分能力以及对不完全信息的鲁棒性，其性能近似理想的分类器；缺点是训练时间长，动态时间规整能力弱，网络模型随说话人数目增加可能达到难以训练的程度。

(6) 隐马尔可夫模型方法。隐马尔可夫模型（HMM）是一种基于转移概率和传输概率的随机模型，它把语音信号看成是由可观察到的符号序列组成的随机过程，符号序列是发声系统状态序列的输出。在使用 HMM 识别时，为每个说话人建立发声模型，通过训练得到状态转移概率矩阵和符号输出概率矩阵，识别时计算出待测语音在状态转移过程中的最大概率，再根据最大概率进行判决。这种方法不需要时间规整，可节约判决时的计算时间和存储量，目前被广泛应用。

3. 声纹识别模型

目前有两种典型的声纹识别模型：模板模型（template model）和随机模型（stochastic model），也叫作非参数模型和参数模型。

1）模板模型

模板模型又称非参数模型，通过对训练和测试的特征参数进行对比，找到两者之间的失真作为相似度。常见的有VQ（vector quantization，矢量量化）模型和动态时间规整法DTW（dynamic time warping）模型。其中，DTW模型主要是对比输入的待识别特征和训练时提取的特征矢量序列，使用最优路径匹配方法达到声纹识别。VQ方法则使用聚类、量化的方法生成码本，将测试数据量化编码，以失真度作为评价的指标。

2）随机模型

随机模型

随机模型又称参数模型，通过采用概率密度函数模拟说话人，并在训练过程中预测概率密度函数的参数，匹配时使用计算相应模型的测试语句相似度进行匹配。例如高斯混合模型（GMM）和隐马尔可夫模型（HMM），详细知识介绍可扫描右方二维码学习。

4. 智能门锁之声纹识别机器人方案设计

1）系统方案设计

针对项目任务进行业务需求梳理分析，在便携式人工智能教学平台上调用Python第三方库，完成智能声纹锁系统设计与实现。图6.4为智能声纹锁系统实现原理框图。

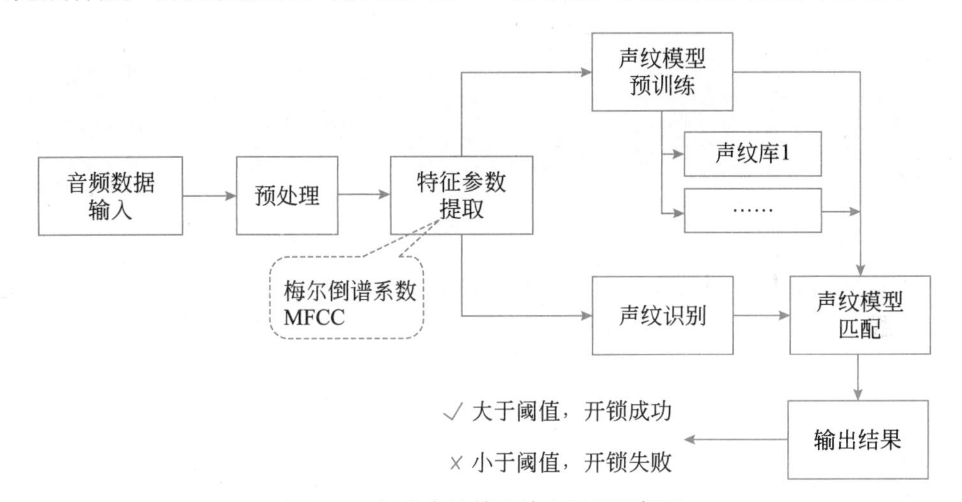

图6.4　智能声纹锁系统实现原理框图

系统首先对采集到的音频数据信号进行预处理，提取MFCC特征，对声纹模型进行预训练。同一说话人多次说不同内容、多个说话人多次说不同内容，重复该训练过程，最终形成声纹库。

在识别时，同样先对采集到音频数据信号进行预处理，提取MFCC特征，比较本次特征与训练声纹库中的特征。当大于某个阈值时，我们认为本次说话人与训练声纹库中的一致，系统开锁成功。

图6.5所示为智能声纹锁系统具体实现流程图，包括搭建声纹锁环境为程序编写和运行做准备、编写声纹锁程序、调试声纹锁程序等步骤。

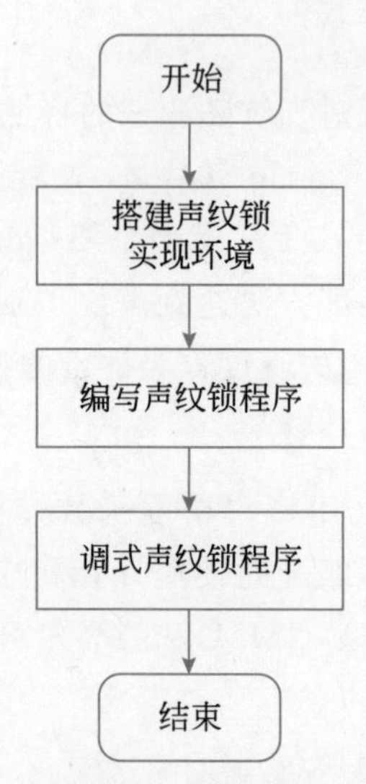

图 6.5 智能声纹锁系统具体实现流程

2）系统关键函数说明

如表 6.2 所示，智能声纹锁系统所用到的关键函数及其说明。

表 6.2 函数功能说明表

函　数	功能说明
python_speech_features. mfcc(audio, rate, 0.025, 0.01, 20, append-Energy = True)	语音特征提取函数
GaussianMixture(n_components=16, max_iter=200, covariance_type='diag', n_init = 3)	构建高斯混合模型

(1) python_speech_features. mfcc()具体介绍如下。

函数功能：语音特征提取函数，根据音频信号计算梅尔频率倒谱系数。

语法格式：python_speech_features. mfcc(signal, samplerate=16000, winlen=0.025, winstep=0.01, numcep=13, nfilt=26, nfft=512, lowfreq=0, highfreq=None, preemph=0.97, ceplifter=22, appendEnergy=True, winfunc=<function >)。

主要参数说明：

- signal——用于计算特征的音频信号，一般是 N * 1 数组。
- samplerate——当前处理的信号的采样率。
- winlen——分析窗口的长度，以秒为单位。默认值为 0.025s(25 毫秒)。
- winstep——连续窗口之间的间隔，以秒为单位。预设值为 0.01s(10 毫秒)。
- numcep——要返回的倒谱数，默认为 13。
- appendEnergy——如果为 true，则将第 0 阶倒频谱系数替换为总帧能量的对数。

关于其他参数说明，读者可自行查阅相关资料。

返回值：一个大小为 numpy 的数组，每行包含 1 个特征向量。

在本项目中应用的核心代码如下：

```
#计算梅尔频率倒谱系数
python_speech_features.mfcc(audio,rate,0.025, 0.01,20,appendEnergy = True)
```

(2) GaussianMixture()具体介绍如下。

函数功能:构建高斯混合模型。

语法格式:sklearn.mixture.GaussianMixture(n_components=1,covariance_type='full', tol=0.001,reg_covar=1e-06,max_iter=100,n_init=1,init_params='kmeans', weights_init=None,means_init=None,precisions_init=None, random_state=None, warm_start=False, verbose=0, verbose_interval=10)。

主要参数说明:

- n_componemts——高斯分布的数量,默认值为1。
- covariance_type——描述协方差的类型,包括full、tied、diag和spherical四种,默认为full。full指完全协方差矩阵(元素都不为零);tied指相同的完全协方差矩阵(HMM会用到);diag指对角协方差矩阵(非对角为零,对角不为零);spherical指球面协方差矩阵(非对角为零,对角完全相同,球面特性)。
- tol——收敛阈值,默认值为0.001,当参数的更新幅度小于0.001时,计算结束。
- max_iter——最大迭代次数,默认值为100。
- n_init——初始化次数,用于产生最佳初始参数,默认为1。

其他参数说明,读者可自行查阅相关资料。

在本项目中应用的核心代码如下:

```
#高斯混合模型的计算
GaussianMixture(n_components=16,max_iter=200, covariance_type='diag',n_init = 3)
```

项目准备

1. 硬件准备

(1) 一台便携式人工智能教学平台,硬件版本1.0以上。

(2) 一个音频播放装置(音箱)。

2. 软件准备

便携式人工智能教学平台软件系统,软件版本V1.1以上,Python 3.6.9。

任务6.1 搭建声纹锁设计与实现环境

1. 安装python_speech_features库

声纹识别需要使用python_speech_features包来提取音频文件的特征,因此使用pip安装python_speech_features。安装过程如下。

【第一步】打开终端窗口。进入便携式人工智能教学平台桌面，在桌面右击选择“Open Terminal Here”，打开终端窗口。

【第二步】安装 python_speech_features 库。在终端中输入如下代码。

```
pip install python_speech_features
```

程序即可自动安装 python_speech_features 库，效果如图 6.6 所示。

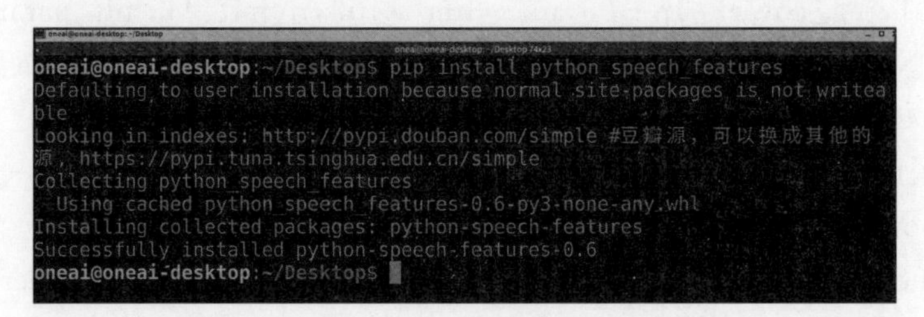

图 6.6　python_speech_features 库安装效果

【第三步】安装检验。测试 python_speech_features 库是否安装成，代码如下：

```
import python_speech_features as mfcc
```

运行若没有报错，则安装成功，如图 6.7 所示。

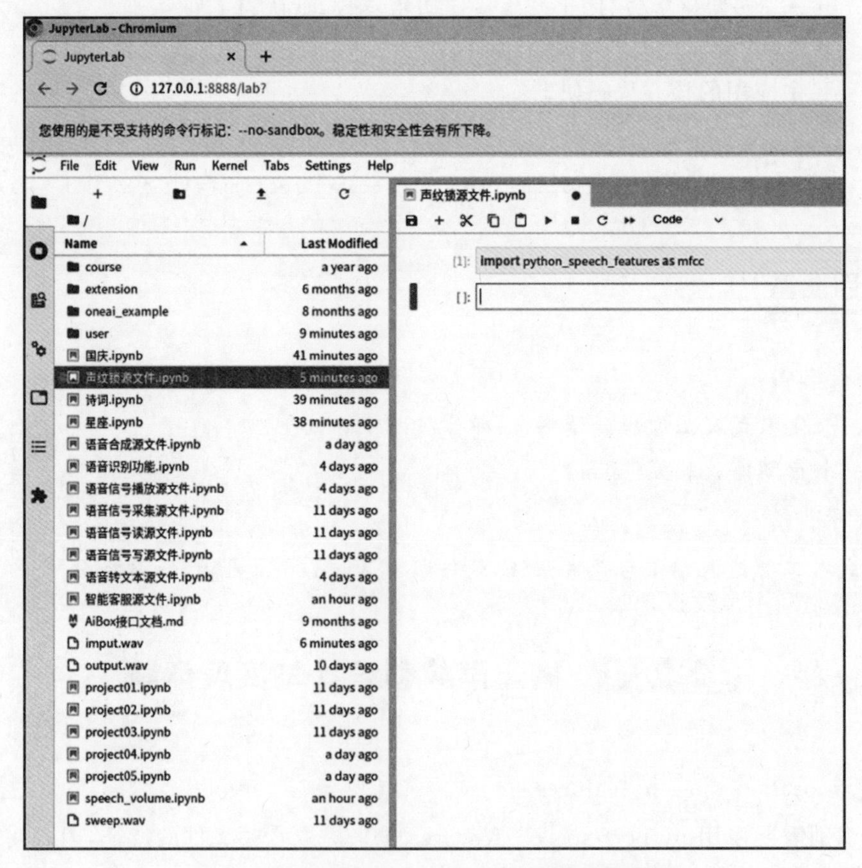

图 6.7　python_speech_features 库安装检验效果

2. 创建声纹锁设计与实现源文件

每次执行语音信号处理编程任务时，需要单独建立源文件，具体步骤如下。

【第一步】双击桌面的 JupyterLab 打开网页。

【第二步】在文件栏的左上角单击加号，在弹出的页面中选择 Notebook 目录下的 Python 3，新建一个 Python 3 Notebook。

【第三步】生成一个空白的待编辑文件，如图 6.8 所示。

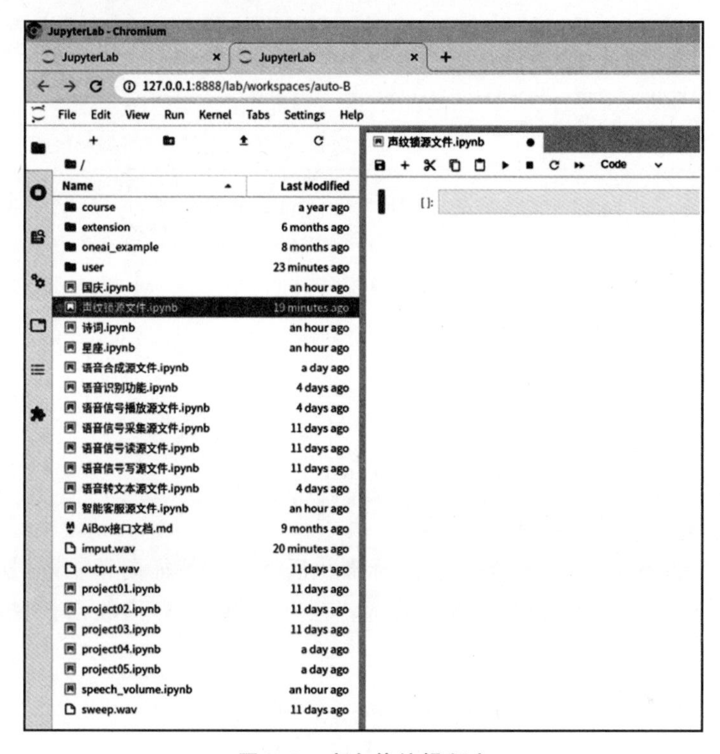

图 6.8 空白待编辑程序

任务 6.2 声纹锁的设计与实现

1. 编辑声纹锁源代码

声纹锁的设计流程

本任务是利用声纹识别制作声纹锁，录入用户声音后，该用户有权利打开这个声纹锁，换其他人则无法打开这个声纹锁。为了完成该任务，程序编写具体步骤如下。

【第一步】导入所需的库。

本任务所需的库函数比较多，但是在便携式人工智能教学平台已经预装，除了 python_speech_features 库外，其他的不用另行安装，直接导入即可。导入代码如下：

```
import time      # 导入 time 函数库，用于延迟
```

```
import pickle      #导入 pickle 用于打包、解包数据
import pyaudio      #导入 pyaudio 用于录制声音
import wave      #导入 wave 用于保存音频文件
import os      #导入 os 用于文件系统的操作
from scipy.io.wavfile import read      #导入 scipy 用于音频文件的读取
import numpy as np      #导入 numpy 用于数组操作
import shutil      #导入 shutil 用于删除文件
#-----------------------------------------------------------------
#导入 sklearn 用于模型的学习创建
from sklearn.mixture import GaussianMixture
from sklearn import preprocessing
#-----------------------------------------------------------------
import python_speech_features as mfcc      #导入 python_speech_features 用于提取语音特征
#-----------------------------------------------------------------
#导入 warnings 用于过滤过多的警告,保持界面整洁
import warnings
warnings.filterwarnings("ignore")
#-----------------------------------------------------------------
#导入 IPython.display 用于清除 jupyter 的打印界面,保持界面整洁
from IPython.display import clear_output as clear
```

【第二步】计算音频动态特征 delta 值。

自定义函数 calculate_delta()的输入为标准化后的声纹特征向量矩阵,输出为特征向量矩阵的动态特征 delta 值。该函数功能为动态特征 delta 值计算函数,利用提取的特征计算其 delta 值,提取音频动态特征。代码如下:

```
def calculate_delta(array):      #自定义函数 calculate_delta
    rows,cols = array.shape      #提取输入数据矩阵的行和列
    deltas = np.zeros((rows,20))      #定义一个全 0 矩阵,其行数为输入矩阵的行数,其列数
                                        为 20
    N = 2
    for i in range(rows):      #利用提取的特征计算其 delta 值,知识链接第三点中计算公式的代
                                码实现
        index = []
        j = 1
        while j <= N:
            if i - j < 0:
                first = 0
            else:
                first = i - j
            if i + j > rows - 1:
                second = rows - 1
            else:
```

```
                second = i + j
            index.append((second,first))
            j + =1
        deltas[i] = ( array[index[0][0]] - array[index[0][1]] + (2 * (array[index[1][0]] -
                    array[index[1][1]])) ) / 10
    return deltas      #返回 delta 值
```

【第三步】提取音频特征。

自定义函数 extract_features()的输入为两个值：audio 音频数据和 rate 采样频率，输出为音频的特征矩阵。这个函数提取 20 个特征，这些特征值也是第二步编写的音频动态特征 delta 值函数的输入，在通过函数计算 20 个 delta 特征，水平叠加到一起后，作为音频的特征。代码如下：

```
def extract_features(audio,rate):      #自定义函数
    #计算梅尔倒谱系数(mfcc)
    mfcc_feat = mfcc.mfcc(audio,rate, 0.025, 0.01,20,appendEnergy = True)
    mfcc_feat = preprocessing.scale(mfcc_feat)      #数据标准化
    delta = calculate_delta(mfcc_feat)      #调用第二步自定义函数
    combined = np.hstack((mfcc_feat,delta))      #水平叠加
    return combined      #返回叠加结果
```

【第四步】编写录音函数。

自定义函数 extract_features()输入为保存地址(录制的音频的地址)，输出为将录音结果文件保存到路径里，格式为 .wav。具体功能和编写思路见任务 1.2，代码如下：

```
def record(path) :      #自定义函数
    chunk = 1024      #设置采样缓冲区宽度
    sample_format = pyaudio.paInt16      #设计单次采样大小
    channels = 1      #设置声道数为 1
    fs = 16000      #设置采样频率为 16000 Hz
    seconds = 5      #设置采样时长
    p = pyaudio.PyAudio()      #新建一个 PortAudio 对象
    stream = p.open(format = sample_format,      #打开音频流对象
                    channels = channels,      #读入上一步设置的声道数
                    rate = fs,      #读入上一步设置的采样频率
                    frames_per_buffer = chunk,      #读入上一步设置的采样缓冲区宽度
                    input = True)
    frames = []      #新建空白数组来保存数据
    for _ in range(0, int(fs / chunk * seconds)):      #循环 5 s 进行录音采样
        data = stream.read(chunk)      #将音频流读取的信息存入名为 data 的数据中
        frames.append(data)      #frames 数据后添加数据 data
#停止关闭流
    stream.stop_stream()
    stream.close()
```

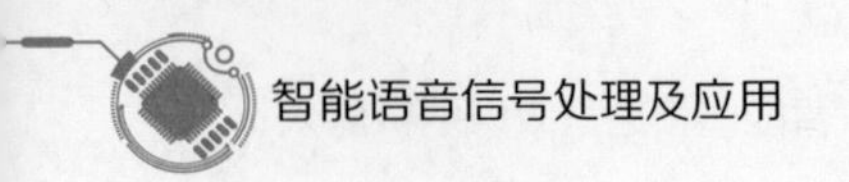


```
#释放 PorAudio 对象
    p.terminate()
#保存录音数据到 WAV 格式文件中
    wf = wave.open(path, 'wb')        #设置 wav 文件操作形式为“只写入”
    wf.setnchannels(channels)         #读入前期设置的通道数
    wf.setsampwidth(p.get_sample_size(sample_format))
    wf.setframerate(fs)        #读入前期设置的采样频率
    wf.writeframes(b''.join(frames))       #将录制的数据写入文件
    wf.close()       #关闭文件
```

【第五步】新建一个字典。

新建一个字典用于储存及管理可以开锁的用户信息，代码如下：

```
user_dic = {}       #新建一个字典
```

【第六步】编写声纹锁程序主界面。

完成语音特征提取函数，在后面训练模型时即可调用，使用单独函数的封装使程序更加简练，下面开始编写声纹锁程序的主界面。该主界面的设计思路如图 6.9 所示。

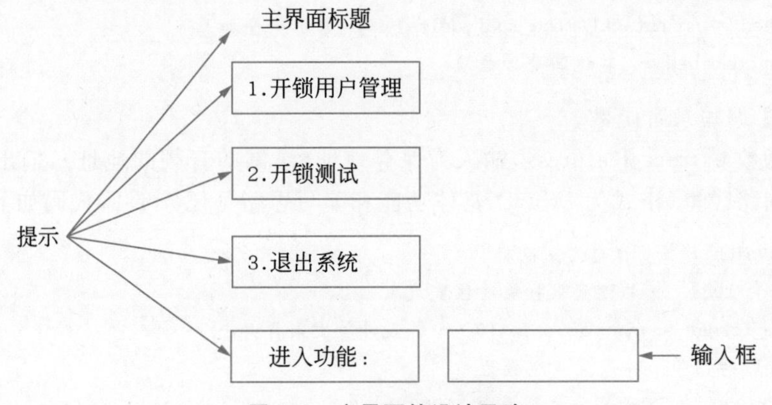

图 6.9　主界面的设计思路

由图 6.9 可知，该主界面包括三个功能，分别为：开锁用户管理，功能编号为 1。开锁测试，功能编号为 2。退出系统，功能编号为 3。

该界面运行时，选择进入哪个功能，通过输入编号数字进行选择。选择后通过函数进入不同的功能对应的子界面，若输入不在这三个范围内，则提示错误，并重置页面。代码如下：

```
def Main_window() :       #定义一个主界面
    clear()     #清空当前屏幕展示内容
    print('========声纹锁========')       #输出提示'========声纹锁========'
    print("1. 开锁用户管理")      #输出提示"1. 开锁用户管理"
    print("2. 开锁测试")      #输出提示"2. 开锁测试"
    print("3. 退出系统")      #输出提示"3. 退出系统"
    func = input("进入功能:")       #键盘输入，并带屏幕提示"进入功能:"
    if func == '1' :      #如果键盘输入为 1 则 执行下句语句
        User_manage()     #进入子界面 1
```

```
    elif func == '2':       # 如果键盘输入为 2 则 执行下句语句
        Lock_test()     # 进入子界面 2
    elif func == '3':       # 如果键盘输入为 3 则 执行下句语句
        clear()     # 清空当前屏幕展示内容
        print("系统已退出")     # 输出提示"系统已退出"
    else:      # 输入错误时 执行以下语句
        clear()
        print('输入错误,请重新输入')     # 输出提示"输入错误,请重新输入"
        # 给一个延时,为避免上句屏幕提示很快就被清除,延时 1 秒
        time.sleep(1)
        clear()
        Main_window()     # 回到主界面
```

【第七步】用户信息记录。

用户管理功能主要用于管理用户信息,并记录用户录制的语音及模型。将引入用户字典作为全局变量,存储用户的信息。代码如下:

```
def User_manage():     # 定义存储用户信息功能函数
    global user_dic     # 声明后面使用的 user_dic 是一个全局变量
```

在根目录下创建一个文件夹,用于存储用户录制的语音及模型。代码如下:

```
folder = os.path.exists('user')     # 打开文件夹
if not folder:     # 如果没有就新建一个文件夹
    os.makedirs('user')
```

【第八步】编写子界面 1(用户管理页面)。

当用户输入“1”时进入该子界面,功能为管理用户信息,将引入的用户字典作为全局变量,存储用户的信息。界面设计结构图如图 6.10 所示。

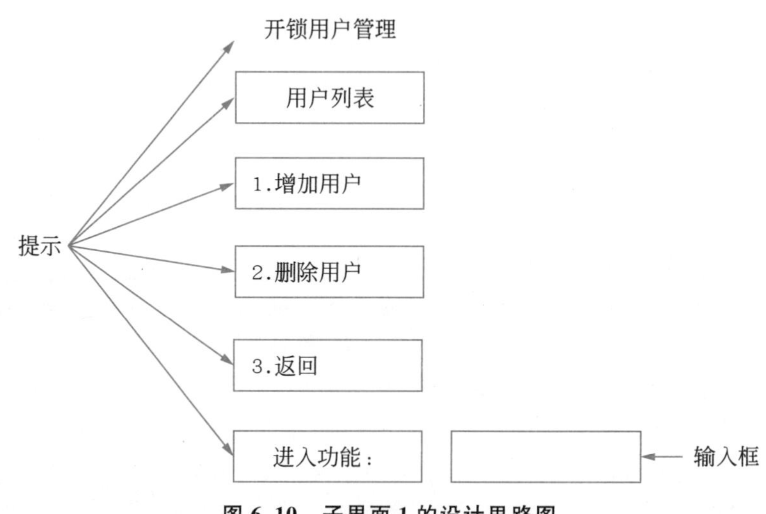

图 6.10　子界面 1 的设计思路图

该界面功能包括:展示已有用户列表;增加用户,功能编号为 1;删除用户,功能编号为

2;返回,功能编号为3。

该界面运行时,通过输入编号数字选择进入哪个功能(其中功能编号1～3为可选项)。选择后通过函数进入不同的功能,若输入的不在这三个范围内,则提示错误,并重置页面。代码如下:

```
clear()    #清空屏幕
  print('=========开锁用户管理=========')    #屏幕打印子界面标题
  user_dic = {}    #将用户字典清空
  fs = os.listdir('user')    #遍历 user 目录下所有文件夹名称
  if len(fs) = = 0 :    #如果目前没有用户信息,则执行下一句语句
      print('无用户')    #屏幕显示"无用户"
  else :    #如果有已经存好的用户信息,则执行以下程序
      for i in range(len(fs)) :    #循环遍历所有已经存好的用户信息,逐一展示
          user_dic.update({i+1 : fs[i]})    #将已有的用户信息保存到字典中
          print(str(i+1) + ': ' + fs[i])
  print('')    #屏幕打印空行以示分隔
  print("1. 增加用户")    #屏幕输出"1. 增加用户"
  print("2. 删除用户")    #屏幕输出"2. 删除用户"
  print("3. 返回")    #屏幕输出"3. 返回"
  user_func = input("进入功能:")    #键盘输入,并带屏幕提示"进入功能:"
  if user_func = = '1' :    #如果输入1,则执行下一句语句
      Add_user()    #调用函数 Add_user
  elif user_func = = '2' :    #如果输入2,则执行下一句语句
      Delete_user()    #调用函数 Delete_user
  elif user_func = = '3' :    #如果输入3,则执行下一句语句
      Main_window()    #返回主界面
  else :    #输入错误时 执行以下语句
      clear()    #清空屏幕
      print('输入错误,请重新输入')    #屏幕显示"输入错误,请重新输入"
      time.sleep(1)
      clear()    #清空屏幕
      User_manage()    #回到子界面1
```

【第九步】编写"增加用户"功能函数。

自定义函数 Add_user(),实现增加用户信息的功能。该函数无输入量,输出操作为更改全局字典变量,记录用户相关信息。操作逻辑为:等待用户输入用户名,与用户字典当中的名称进行对比,若有重复的名称,则给出提示,并重置页面;若用户字典中无重复名称的记录,则设定用户名,在 user 文件夹中创建以用户名命名的文件夹,并使用录音程序采集用户的五段声音文件,保存在该文件夹内。采集完声音文件后,开始使用用户的声音训练模型,遍历 user 文件中保存用户的语音文件,读入程序中。代码如下:

```
  def Add_user() :    #自定义函数
```

```
    clear()     #清空屏幕
    user_name = input("请输入用户名(输入0返回):")     #键盘输入用户名,并加以屏幕提示
    if user_name == '0':     #如果无用户名则返回子界面1
        User_manage()
        return
   for i in list(user_dic.keys()):     #循环检测是否重名
        if user_name == user_dic[i]:     #如果有重名
            print('命名重复,请重试')     #则屏幕显示输出"命名重复,请重试"
            time.sleep(1)
            User_manage()     #反回子界面1
            return     #函数结束
#-----------------------------------------------------------
#建立新的文件夹记录用户信息
#-----------------------------------------------------------
path = 'user/' + user_name     #若没有重名,则以新用户名为文件名,建立新文件夹
    folder = os.path.exists(path)
    if not folder:
        os.makedirs(path)
    clear()
    print("已创建用户:" + user_name)     #屏幕显示已经创建新用户
    #屏幕提示"开始录入声纹,需要录入五段语音"
    print("开始录入声纹,需要录入五段语音")
    input('请按任意键继续……')     #键盘输入
    for i in range(5):     #循环记录五个语音段
        #录音结果记录
        filename = path + '/' + user_name + '_' + str(i+1) + ".wav"
        print('')     #屏幕显示空白行
        print('开始第%d段录音'%(i+1))     #屏幕打印
        record(filename)     #调用第四步编写的录音函数进行录音
        print('第%d段录音结束'%(i+1))     #屏幕输出提示语
        print('录音保存至 '+filename)     #屏幕输出提示语
        input('请按任意键继续……')     #键盘输入
    time.sleep(1)
    clear()     #屏幕清空
    print('录音采集结束...')     #屏幕输出提示语
#-----------------------------------------------------------
#-----------------------------------------------------------
#使用用户的声音训练模型
#-----------------------------------------------------------
for _,_,files in os.walk(path):     #遍历 path 目录下所有文件
```

```
        None     #只做遍历将文件名保存至files,遍历过程中不做任何操作
    count = 1      #将采集的音频数初始化为1,当计数到5时开始训练
    features = np.asarray(())     #新建一个空白的数组用于储存音频特征
    for wav_path in files:     #遍历 files 中存储的路径
        wav_path = wav_path.strip()      #去除文件名首尾可能存在的空格
        sr,audio = read(path + '/' + wav_path)     #读取音频数据
# ------------------------------------------------------------------
# ------------------------------------------------------------------
#使用上文书写的特征采集函数,提取音频文的特征,保存到特征变量中
# ------------------------------------------------------------------
sr,audio = read(path + '/' + wav_path)     #返回采样率及音频数组16k单声道
        vector= extract_features(audio,sr)     #梅尔频率倒谱系数特征提取
        if features.size == 0:
            features = vector
        else:
            #如果 features 中还没有特征就直接等于,若已有特征则使用 vstack 函数将新的特征
              加载 features 后面
            features = np.vstack((features, vector))
    if count == 5:     #判断是否完全导入了全部五条音频数据
        gmm = GaussianMixture(n_components = 16,max_iter = 200, covariance_type = 'diag',n_
            init = 3)     #高斯混合模型的计算
#五个音频全部提取完后进行高斯混合模型的计算,其中 n_components 为混合高斯模型个数,max_
  iter 为最大迭代次数,covariance_type 为协方差类型,这里选用对角协方差矩阵,n_init 为初始化
  次数,用于产生最佳初始参数
gmm.fit(features)  #用语音特征数据拟合分类器模型
    picklefile = path.split("/")[1] + ".gmm"     #使用 pickle 打包保存模型数据
            pickle.dump(gmm,open(path + '/' + picklefile,'wb'))     #序列化保存
            #屏幕输出
            print('建模结束,命名为:',picklefile," 有效数据点 ",features.shape)
            #单次运行已结束,重置 features 为空,等待下一次计算
            features = np.asarray(())
            count = 0     #单次运行已结束,重置 count 为 0,等待下一次计算
            time.sleep(1)
            User_manage()     #返回子界面1
        count = count + 1     #以导入的音频计数加一
```

【第十步】编写"删除用户"功能函数。

自定义函数 Delete_user(),实现删除用户信息的功能。该函数无输入量,输出操作为删除操作。该函数通过输入希望删除的用户编号,在用户字典中查找编号所对应的用户名称,通过多次输入编号确认删除操作,若输入有误则重置界面,确认完毕使用 shutil.rmtree 函

数删除整个用户命名的文件夹。代码如下：

```
def Delete_user() :    #自定义函数
    user_num = input("请输入要删除的用户序号(输入0返回):")    #键盘输入
    if user_num == '0' :    #如果无输入则返回子界面1
        User_manage()    #返回子界面1
    else :    #如果有有效输入
        try :    #则进行如下操作
            delete_name = user_dic[int(user_num)]    #记录要删除的用户名
        except :
            clear()    #清空屏幕
            print('输入错误,请重新输入')    #屏幕输出提示
            time.sleep(1)
            clear()    #清空屏幕
            User_manage()    #返回子界面1
        else :
            print('您正要删除用户' + delete_name)    #屏幕输出提示
            user_num_sec = input("请再次输入要删除的用户序号确认(输入0返回):")    #键盘输入
            if user_num_sec == '0' :    #如果无输入则返回子界面1
                User_manage()    #返回子界面1
            else :
                if user_num == user_num_sec :
                    delete_path = 'user/' + delete_name    #记录删除路径
                    if os.path.exists(delete_path):    #如果文件存在
                        shutil.rmtree(delete_path)    #删除用户信息
                        print('已删除用户' + delete_name)
                        time.sleep(1)
                        User_manage()    #返回子界面1
                    else:
                        print('no such file: %s' % delete_path)    #则返回文件不存在
                else :
                    print('两次输入的用户序号不同,请重试')
                    time.sleep(1)
                    User_manage()    #返回子界面1
```

【第十一步】编写子界面2(开锁测试页面)。

该子界面当用户输入2时进入,功能为开锁测试,某一用户将自己的声音录入采集,机器人进行数据比对,如果声音特征符合提前录入的用户信息,则显示开锁成功。界面设计结构图如图6.11所示。

该界面功能将包括:提示进行录音、等待用户语音输入、提示开始录制语音、展示比对结果、展示识别成功信息、提示继续操作框。

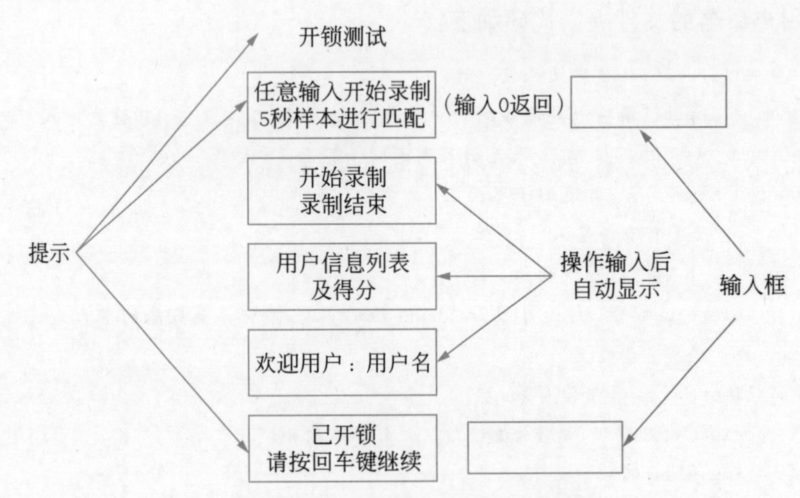

图 6.11　子界面 2 的设计思路图

该界面运行时，即提示进行样本录制，用户将录入 5s 的任意内容语音。录制完成后会提示，并进行音频信号特征比对，展示比对结果。展示的方式如下。

用户：用户名 得分：具体匹配分数

用户名为提前录入的用户名，匹配分数最佳值为 1(不超过数据类型储存的上限)。取值越高，则匹配效果越好，若返回值为负值，值越大则匹配正确的概率越高，例如，－20 好于－30，代码如下：

```
def Lock_test():      #定义子界面 2
    clear()     #清空屏幕
    print('===========开锁测试 ===========')
#-----------------------------------------------------------------
#首先录制一段音频，保存在根目录下
#-----------------------------------------------------------------
    #键盘输入
    lock_func = input("任意输入开始录制 5 秒样本进行匹配(输入 0 返回)：")
    if lock_func == '0':      #如果输入 0
        Main_window()      #返回主界面
        return
    print('开始录制……')      #屏幕显示
    record('imput.wav')      #调用自定义函数
    print('录制结束')      #屏幕显示
    print('')      #屏幕显示
#-----------------------------------------------------------------
#将训练的模型，以及用户名称读入数组中
#-----------------------------------------------------------------
source = "user"      #设定用户信息从哪个路径下获取
    fs = os.listdir(source)      #遍历用户信息文件夹，将文件夹名保存到 fs 中
    #将每个用户文件夹中之前保存到 .gmm 文件的路径拼接好，存储在 gmm_files 数组中
```

```
    gmm_files = [(source + '/' + fname + '/' + fname + '.gmm') for fname in fs]
    #将之前保存的.gmm文件读取出来(用上面刚保存的路径)保存在models数组中
    models = [pickle.load(open(fname,'rb')) for fname in gmm_files]
    #将每个用户的用户名分别分割取出,保存在speakers数组中这里所有的顺序都是一一对应的
    speakers = [fname.split("/")[-1].split(".gmm")[0] for fname in gmm_files]
#-----------------------------------------------------------------
#将音频读入,并应用特征提取函数提取出特征向量
#-----------------------------------------------------------------
sr,audio = read('imput.wav')    #读取上面刚录制的音频,这里是音频的路径,和录音函数的路径一致
vector = extract_features(audio,sr)    #特征提取
#-----------------------------------------------------------------
#循环预测特征分数,并将分数输出,取出最大值所对应的用户名
#-----------------------------------------------------------------
log_likelihood = np.zeros(len(models))    #定义一个全0数组,长度和用户数量一致,用户存储
                                           每个用户的得分
    for i in range(len(models)):    #循环用户个数次,有多少用户循环多少次
        gmm = models[i]
        scores = np.array(gmm.score(vector))    #将新采集的语音特征通过读取的gmm模型计
                                                 算其得分
        log_likelihood[i] = scores.sum()    #将所有得分求和,保存到用户得分数组中
        #打印当前用户的得分,从用户名数组得到用户名,转换得分为字符串,统一格式
        print('用户:' + speakers[i] + '得分:' + str(log_likelihood[i]))
winner = np.argmax(log_likelihood)    #取得分最高的用户的位置
#-----------------------------------------------------------------
#设定一个阈值,如果得分小于阈值则认为声纹特征不在用户库中,结束一次识别,进行下次循环
#-----------------------------------------------------------------
#人工设定了一个阈值,如果得分最高的用户的得分低于这个阈值,就认定不是已录入的用户,经过多
 次测试-29比较合适
if log_likelihood[winner] < -29 :
        print('非注册用户')    #屏幕输出
    else :
        print('')    #屏幕输出
        print("欢迎用户:", speakers[winner])    #屏幕输出
        print("\n\t 已开锁")    #屏幕输出
    input('请按任意键继续……')    #屏幕输出
    Lock_test()    #返回子界面2
```

所有函数编写完毕,由主函数从主窗口进入该界面。

```
if __name__ == "__main__":
    Main_window()
```

2. 调试运行声纹锁源代码

调试运行过程包括测试主界面、测试子界面、测试用户信息录入和测试开锁等,流程图如图 6.12 所示。

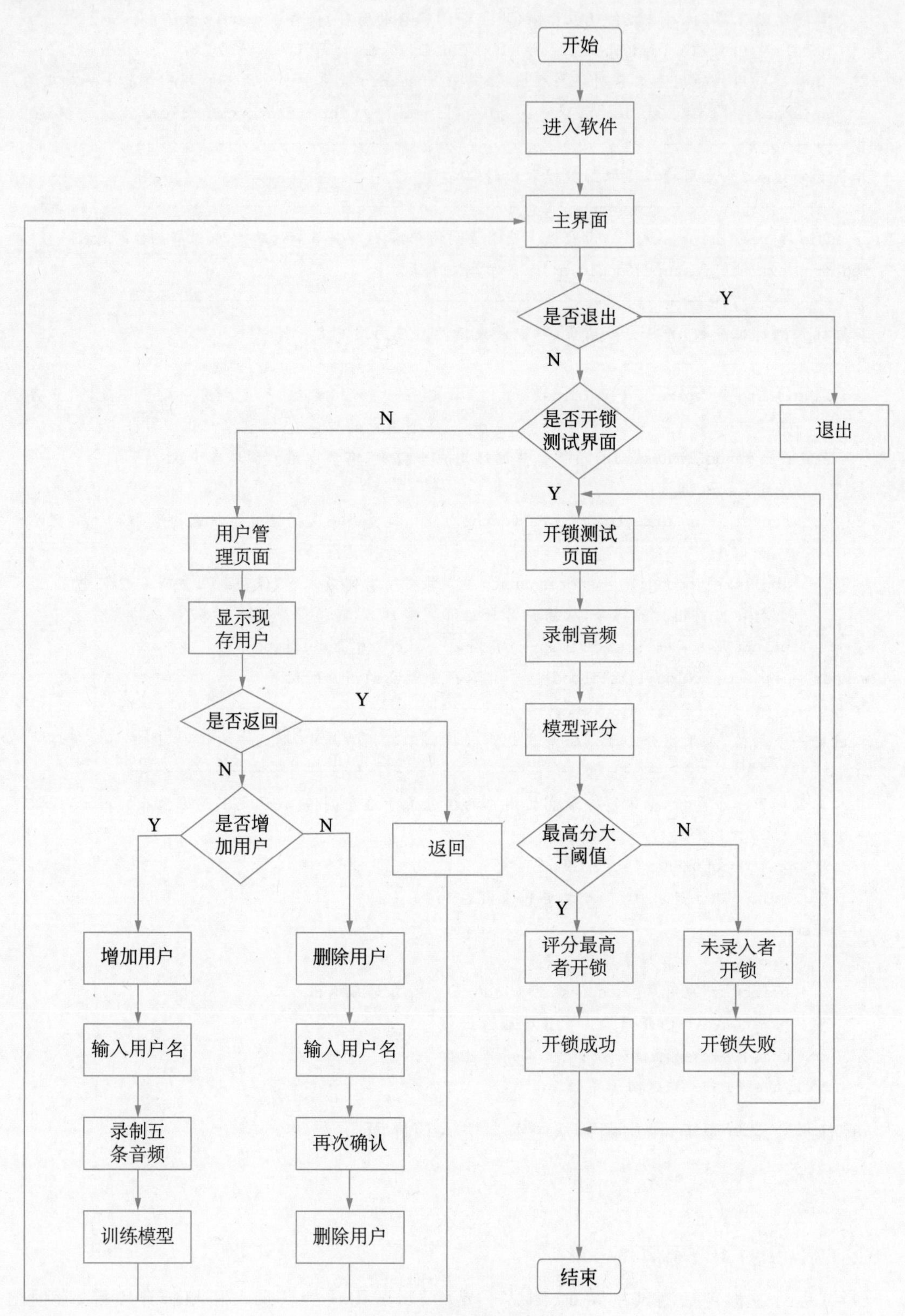

图 6.12　测试程序流程图

【第一步】测试主界面。

将程序写入 JupyterLab 中，运行程序并进行测试，可以看到的主窗口页面，如图 6.13 所示。

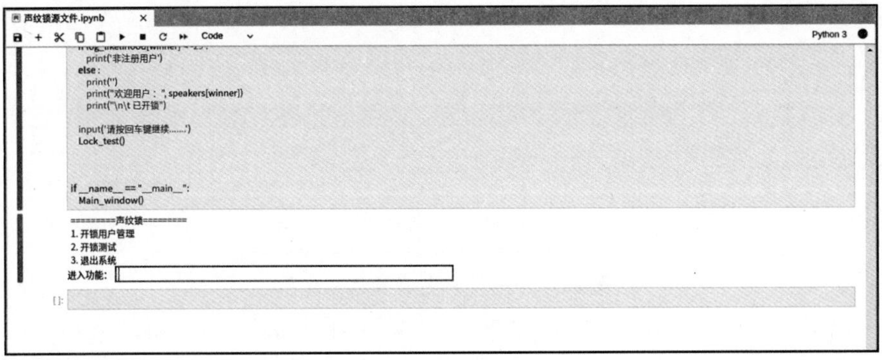

图 6.13　主界面运行结果

【第二步】测试子界面 1。

用户键盘输入 1，则进入子界面 1，运行结果如图 6.14 所示。

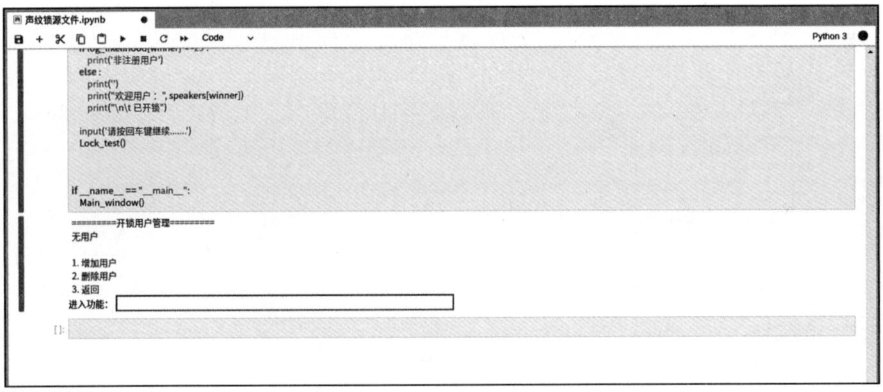

图 6.14　子界面 1 运行结果

【第三步】测试用户信息录入。

用户键盘输入 1，则进入增加用户环节，运行结果如图 6.15 所示。

图 6.15　输入新用户名结果

按 Enter 键确认后，进入音频采集环节，运行结果如图 6.16 所示。

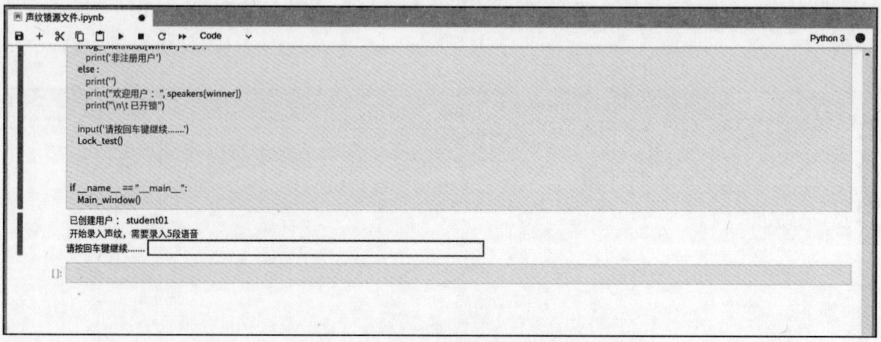

```
声纹锁源文件.ipynb
        print('非注册用户')
    else :
        print('')
        print("欢迎用户：", speakers[winner])
        print("\n\t 已开锁")

    input('请按回车键继续......')
    Lock_test()


if __name__ == "__main__":
    Main_window()

已创建用户： student01
开始录入声纹，需要录入5段语音
请按回车键继续.......
```

图 6.16　新用户名音频采集结果

采集环节可以说任意的内容，录制 5 条音频，每次录音 5s，按下 Enter 键后开始录音，每次结束后按下 Enter 键录制下一段音频，运行结果如图 6.17 所示。

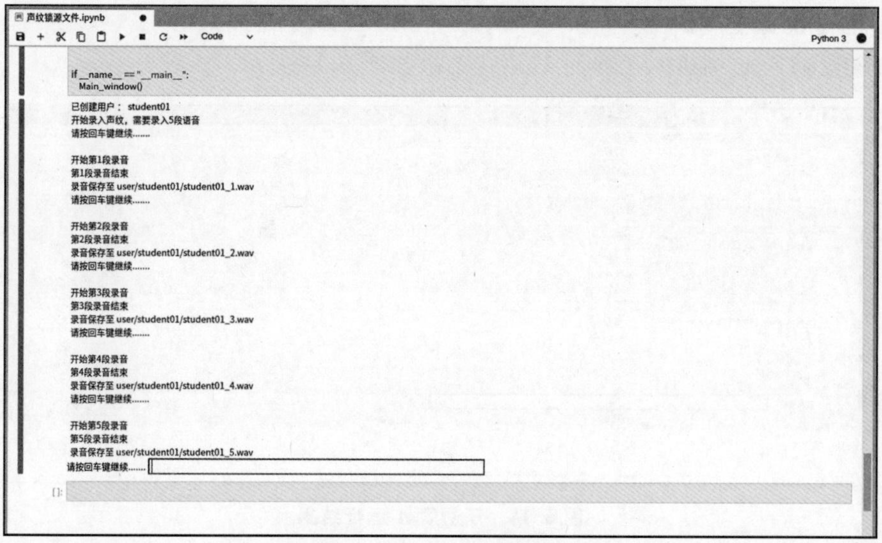

```
声纹锁源文件.ipynb
if __name__ == "__main__":
    Main_window()

已创建用户： student01
开始录入声纹，需要录入5段语音
请按回车键继续.......

开始第1段录音
第1段录音结束
录音保存至 user/student01/student01_1.wav
请按回车键继续.......

开始第2段录音
第2段录音结束
录音保存至 user/student01/student01_2.wav
请按回车键继续.......

开始第3段录音
第3段录音结束
录音保存至 user/student01/student01_3.wav
请按回车键继续.......

开始第4段录音
第4段录音结束
录音保存至 user/student01/student01_4.wav
请按回车键继续.......

开始第5段录音
第5段录音结束
录音保存至 user/student01/student01_5.wav
请按回车键继续.......
```

图 6.17　5 次录音采集结果

再次按下 Enter 键开始计算音频模型，显示结束后自动返回用户管理页面，如图 6.18 所示。

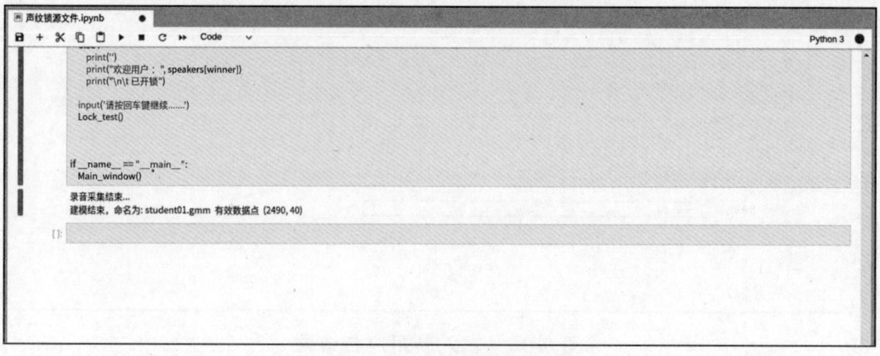

```
声纹锁源文件.ipynb
        print('')
        print("欢迎用户：", speakers[winner])
        print("\n\t 已开锁")

    input('请按回车键继续......')
    Lock_test()


if __name__ == "__main__":
    Main_window()

录音采集结束...
建模结束，命名为: student01.gmm 有效数据点 (2490, 40)
```

图 6.18　计算音频模型结果

继续添加用户，可以请另一位同学来输入 student02，运行结果如图 6.19 所示。

图 6.19 录入第二个用户结果

录入成功后自动回到用户管理页面，可以看到刚才录入的用户，运行结果如图 6.20 所示。

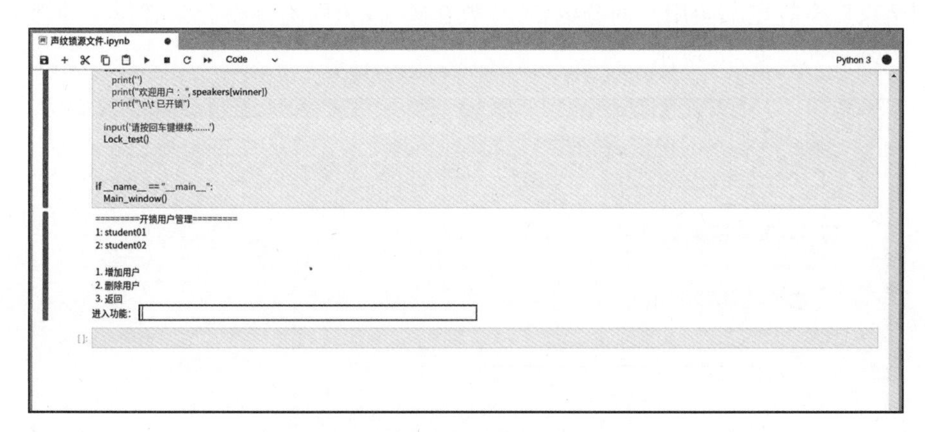

图 6.20 增加了两个新用户结果

在根目录的 user 文件夹中也可以看到保存的录音以及生成的模型，如图 6.21 所示。

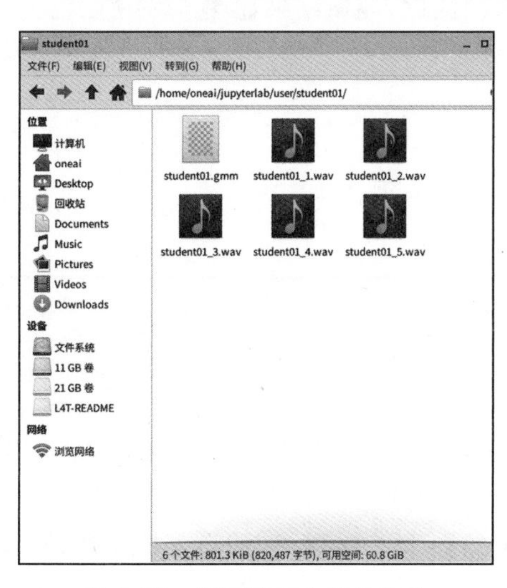

图 6.21 保存的用户信息文件

【第四步】测试开锁。

用户录入完毕，可以进行开锁测试，回到主页面进入功能 2，则进入子界面 2，运行结果如图 6.22 所示。

图 6.22　子界面 2 运行结果

按 Enter 键后开始录制音频，与生成的模型进行匹配，这里也可以随便说些内容进行识别，识别结束后会打印不同用户的分数，若分数在阈值内，则选择得分高者作为说话人，将锁打开，运行结果如图 6.23 所示。

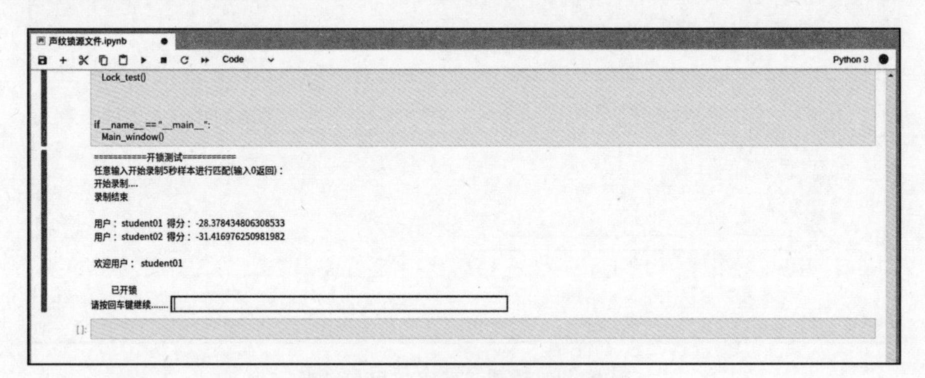

图 6.23　同学 1 测试开锁结果

请录入的同学 2 帮忙再次测试，测试结果如图 6.24 所示。

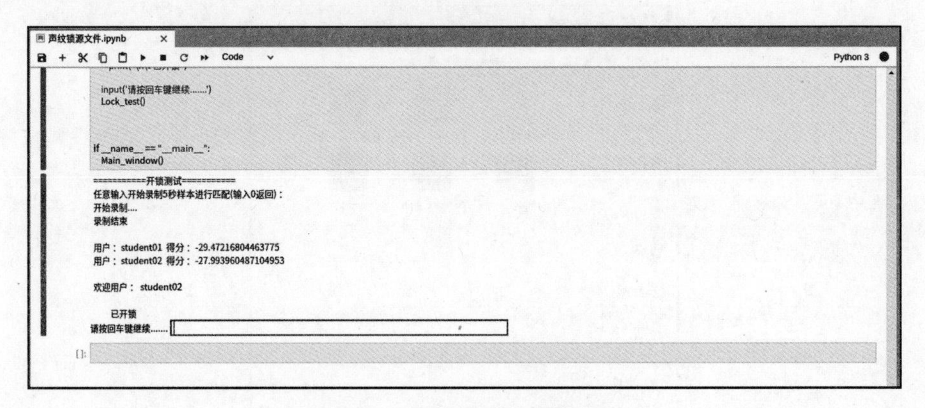

图 6.24　同学 2 测试开锁结果

请第三位未录入系统中的同学进行测试，其得分低于阈值，认定为非注册用户，不予开锁，结果如图 6.25 所示。

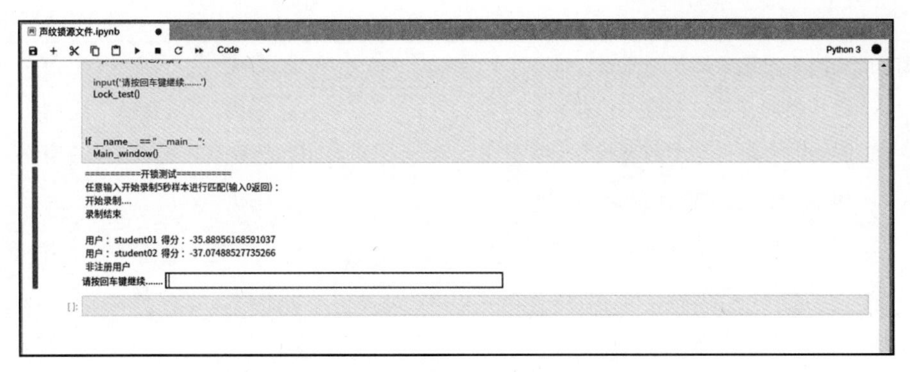

图 6.25 非注册用户测试开锁结果

项目评价

完成本项目中的学习任务后，请对学习过程和结果的质量进行评价和总结，并填写评价反馈表。自我评价由学习者本人填写，小组评价由组长填写，教师评价由任课教师填写。

<table>
<tr><th>班级</th><th></th><th>姓名</th><th></th><th>学号</th><th></th><th>日期</th><th></th></tr>
<tr><td rowspan="10">自我评价</td><td colspan="5">1. 是否能完成环境配置，导入所需的库函数</td><td colspan="2">□是　□否</td></tr>
<tr><td colspan="5">2. 是否能完成 20 个音频特征的提取</td><td colspan="2">□是　□否</td></tr>
<tr><td colspan="5">3. 是否能编写录音函数</td><td colspan="2">□是　□否</td></tr>
<tr><td colspan="5">4. 是否能编写实现声纹锁程序的界面</td><td colspan="2">□是　□否</td></tr>
<tr><td colspan="5">5. 是否能完成声纹锁功能测试</td><td colspan="2">□是　□否</td></tr>
<tr><td colspan="7">6. 在完成任务时遇到了哪些问题？是如何解决的</td></tr>
<tr><td colspan="5">7. 是否能独立完成工作页的填写</td><td colspan="2">□是　□否</td></tr>
<tr><td colspan="5">8. 是否能按时上、下课，着装规范</td><td colspan="2">□是　□否</td></tr>
<tr><td colspan="5">9. 学习效果自评等级</td><td colspan="2">□优　□良　□中　□差</td></tr>
<tr><td colspan="7">总结与反思：</td></tr>
</table>

续表

小组评价	10. 在小组讨论中能积极发言	□优	□良	□中	□差
	11. 能积极配合小组完成工作任务	□优	□良	□中	□差
	12. 在查找资料信息中的表现	□优	□良	□中	□差
	13. 能够清晰表达自己的观点	□优	□良	□中	□差
	14. 安全意识与规范意识	□优	□良	□中	□差
	15. 遵守课堂纪律	□优	□良	□中	□差
	16. 积极参与汇报展示	□优	□良	□中	□差
教师评价	综合评价等级： 评语： 教师签名：　　　　日期：				

项目拓展

录入四个性别不同、声音特色不同的用户信息，尝试邀请不同的同学参与测试，观察声纹锁的使用效果。

项目小结

本项目实现了声纹锁功能，该功能可以识别用户的声音特征，综合利用前期项目的学习成果，实现功能完整的人机交互界面，将完成声纹识别的机器人作为智能门锁，服务相关用户，有很强的实用价值。

习　题

一、填空题

1. 声纹识别，也是________，是一种利用听到的声音来判断说话人身份的技术。

2. 语音信号可以进行________，主要通过________来表示；语谱图的不同频率下的________使用不同的颜色进行区分。

3. 随机模型中使用________模拟说话人，并在训练过程中预测概率密度函数的参数，匹配时使用计算相应模型的______进行匹配。

4. 两种典型的声纹识别模型：______和______，也叫作______和______。

5. 动态特征 delta 值，也被称为______，为本项目计算中需要用到的关键参数。

二、选择题

1. 现在有一种锁——声纹锁，真正实现了童话故事里的“芝麻开门”，当主人说出事先设定的暗语时锁就会打开，这种声纹锁辨别声音的主要依据是(　　)。

A. 音调　　B. 响度

C. 音色　　D. 振幅

2. MFCC 提取过程顺序为(　　)。

①预处理；②快速傅里叶变换；③滤波；④倒谱分析

A. ①②③④　　B. ②①④③

C. ③②①④　　D. ④①②③

3. 声纹识别中使用的方法有(　　)。

A. 模板匹配法　　B. 最近邻方法

C. 其他选项都对　　D. 神经元网络方法、VQ 聚类法

4. 以下采集方式属于接触式的是(　　)类别。

A. 虹膜识别　　B. 声纹识别

C. 人脸识别　　D. 指掌纹识别

5. 以下采集类别中准确率最高的是(　　)类别。

A. 声纹识别　　B. DNA 识别

C. 人脸识别　　D. 虹膜识别

三、判断题

1. 梅尔频率倒谱是基于声音频率的线性梅尔刻度的对数能量频谱的线性变换。(　　)

2. 声纹识别的采样便利性高、准确率高、采集成本高。(　　)

3. 用户身份识别过程中首先进行语音检测、噪声抑制、特征提取等过程。(　　)

4. DTW 模型使用聚类、量化的方法生成码本，将测试数据量化编码，以失真度作为评价的指标。(　　)

5. 梅尔频率倒谱系数的出现改变了当前使用线性预测系数和线性预测倒谱系数进行自动语音识别的局面。(　　)

四、简答题

详细简述 MFCC 提取过程并给出每个过程的主要功能。

五、项目实操

实现智能语音声纹锁的识别。

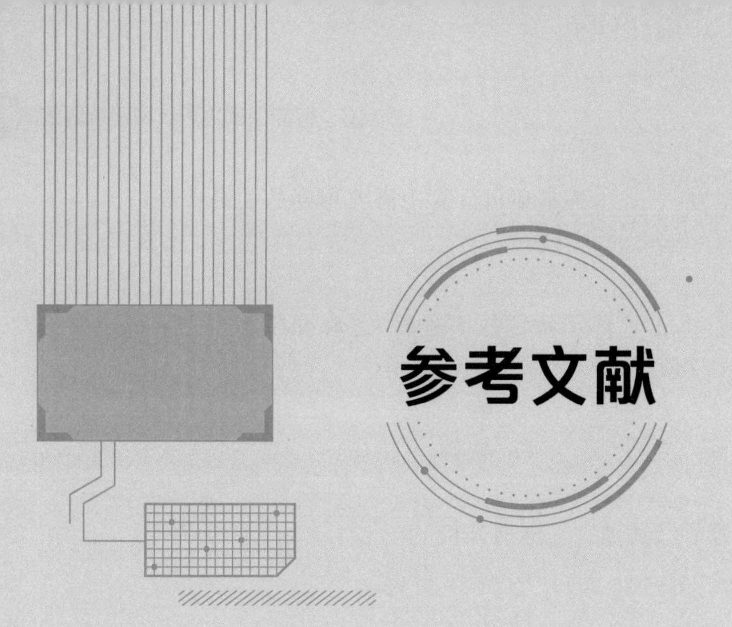

参考文献

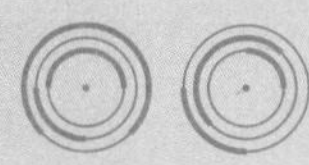

[1] 王玥，陈颖，吴浩，等．北京方庄社区智能语音外呼平台的应用及效果评价[J]. 中华高血压杂志，2021，29(7)：700.

[2] 白燕燕．基于声纹识别的身份确认系统的研究[D]. 西安：西安工业大学，2012：16-21.

[3] 张明键，张悦．基于语谱图 HOG 特征的两步法长沙话说话人识别[J]. 信息技术与信息化，2020(8)：188-192.

[4] 曾春艳，马超峰，王志锋，等．深度学习框架下说话人识别研究综述[J]. 计算机工程与应用，2020(7)：8-16.

[5] 颜为之，王明文，徐凡，等．基于语谱图的江西境内赣方言自动分区研究[J]. 中文信息学报，2021，35(4)：1-7，15.

[6] 周鹏，李成娟，赵沁，等．基于语谱图与改进 Dense Net 的野外车辆识别[J]. 声学技术，2020，39(2)：235-242.

[7] 曹春雷，王双维，吴颜生，等．基于语谱图的改进型 LBP 肺音识别[J]. 东北师大学报(自然科学版)，2019，51(1)：81-85.

[8] 叶硕，褚钰，王祎，等．语音识别中声学模型研究综述[J]. 计算机技术与发展，2020，30(3)：181-186.

[9] 张瀛．基于统计方法的神经网络预测模型研究[J]. 数理统计与管理，2016，35(1)：89-97.

[10] ZENG Lili，REN Weijian，SHAN Liqun，et al. Well logging prediction and uncertainty analysis based on recurrent neural network with attention mechanism and Bayesian theory[J]. Journal of Petroleum Science and Engineering，2021，208(5)：109458.

[11] 樊田田．基于统计语言模型与多目标优化算法推荐相似缺陷报告[D]. 南京：南京大学，2018.

[12] 张斌，全昌勤，任福继．语音合成方法和发展综述[J]. 小型微型计算机系统，2016(1)：186-192.

[13] 蒋正锋，李海强．新工科视域下语音识别声学模型的设计实验[J]. 高教学刊，2021，7(21)：89-92，96.

[14] 张鹏，王丽红，毛琳．语音合成系统中波形拼接过渡算法的研究[J]. 黑龙江大学自然科学学报，2011，28(6)：867-870.

[15] ANJUM M.F.，et al. Linear predictive coding distinguishes spectral EEG features of Parkinson's disease. [J]. Parkinsonism & related disorders，2020，79.

[16] 李勇，魏珰，王柳渝．基于 PSOLA 与 DCT 的情感语音合成方法[J]. 计算机工程，2017，43(12)：278-282，291.

[17] 王亮，朱杰．基于时域基音同步叠加技术的普通话语音调节系统[J]. 电子测量技术，2009，32(12)：

74-76.

[18] 刘庆峰，王仁华．基于LMA声道模型的语声合成新方法[J]. 声学学报，1998(3)：271-278.

[19] 许士锦，范展滔，邱生敏，等．基于语音识别及自然语言处理对话流的人机智能交互方法研究[J]. 机械与电子，2021，39(7)：65-69.

[20] 徐延民，李德明．国内人工智能研究的知识图谱分析[J]. 科技管理研究，2021，41(5)：112-119.

[21] 郭明阳，张晓玲，唐会玲，等．人工智能在机器翻译中的应用研究[J]. 河南科技大学学报(自然科学版)，2021，42(3)：97-104，112.

[22] 刘锴，李腾，李赟沣．基于意图识别和自动机理论的任务型聊天机器人的设计[J]. 信息技术与信息化，2020(9)：222-226.

[23] 张建伟，李月琳，李东东．网络学术资源平台个性化推荐服务特征研究[J]. 情报资料工作，2021，42(5)：76-83.

[24] 曾桂南，吴恋，何燕琴，等．基于声纹识别技术的常见模型与发展应用[J]. 现代计算机，2021(21)：72-75，80.

[25] 李育贤，李玓．声纹识别技术在车载语音交互中的应用前景[J]. 汽车工业研究，2021(1)：30-32.

[26] 刘岩，李文文，周丽霞，等．基于高斯混合模型的光伏发电出力中高比例异常数据检测方法研究[J]. 电测与仪表，2021，58(9)：14-21.

[27] 黄安贻，缪东升，闻路红，等．基于高斯混合模型的敞开式质谱重叠峰解析方法[J]. 科学技术与工程，2021，21(15)：6147-6153.

附录 常用Python库及其说明

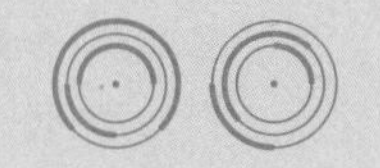

库　　名	说　　明
sounddevice	sounddevice 库提供了音频设备的查询、设置接口，以及音频流的输入（录音）和输出（播放）功能。在使用 sounddevice 库进行播放或者录制音频前，可以设置设备的参数，包括声道数、数据类型、采样率、延迟等
pyaudio	pyaudio 是另一个基于 PortAudio 的 Python 音频 I/O 库，其功能与 sounddevice 类似。pyaudio 库主要通过两个类来实现功能，即 PyAudio 类和 Stream 类。PyAudio 类主要用于初始化音频库，管理音频设备，打开和关闭音频流。Stream 类则表示一个流，可用于播放/录制或者停止音频流
wave	Python 标准库中的 wave 模块是 WAV 格式音频的便捷接口。该模块中的功能可以将原始格式的音频数据写入对象之类的文件，并读取 WAV 文件的属性。
numpy	numpy 是 Python 科学计算的基础包，主要用于数组计算。它是一个 Python 扩展库，提供多维数组对象，各种派生对象（如掩码数组和矩阵），以及用于数组快速操作的各种 API，包括数学、逻辑、形状操作、排序、选择、输入输出、离散傅里叶变换、基本线性代数、基本统计运算和随机模拟等
matplotlib	matplotlib 是 Python 中的一个 2D 绘图库，用于科学计算的数据可视化。matplotlib 库中包括 pylab、pyplot 等绘图模块以及大量用于字体、颜色、图例等图形元素的管理与控制的模块。其中 pylab 和 pyplot 模块提供了类似于 Matlab 的绘图接口，支持线条样式、字体属性、轴属性以及其他属性的管理和控制，可以使用非常简洁的代码绘制出各种图样
scipy	scipy 是 Python 中的一个高级科学计算库。scipy 库包含的模块有：线性代数、最优化、积分、插值、特殊函数、快速傅里叶变换、信号处理和图像处理等
random	random 模块主要用于生成随机数，实现了各种分布的伪随机数生成器
scikit-learn	scikit-learn 简称 sklearn，是基于 Python 编程语言的机器学习库。sklearn 建立在 numpy、scipy、matplotlib 等数据科学包的基础之上，涵盖了机器学习中的样例数据、数据预处理、模型验证、特征选择、分类、回归、聚类、降维等几乎所有环节，功能十分强大
python_speech_features	python_speech_features 库主要用于音频特征提取，包括 MFCC、滤波器组能量、对数滤波器组能量以及子带频谱质心特征